白龟山水库安全生产管理实践

郭延峰　高贝贝　编著

黄河水利出版社
·郑州·

内 容 简 介

本书以河南省白龟山水库安全运行管理实践为基础,从安全理论及应用实际,对白龟山水库的安全运行管理与安全生产标准化建设作了全面阐述。本书的主要内容包括概述、白龟山水库安全运行管理、白龟山水库安全生产标准化建设、水库安全隐患排查治理工作方案编写及水库安全生产管理制度。

本书可供水库工程管理人员及相关从业人员参考、使用。

图书在版编目(CIP)数据

白龟山水库安全生产管理实践/郭延峰,高贝贝编著. —郑州:黄河水利出版社,2023.3

ISBN 978-7-5509-3414-6

Ⅰ.①白… Ⅱ.①郭… ②高… Ⅲ.①水库-安全生产-生产管理-平顶山 Ⅳ.①TV697

中国版本图书馆 CIP 数据核字(2022)第 206877 号

策划编辑:陶金志　电话:0371-66025273　E-mail:838739632@qq.com

出 版 社:黄河水利出版社　网址:www.yrcp.com

地址:河南省郑州市顺河路黄委会综合楼 14 层　邮政编码:450003

发行单位:黄河水利出版社

发行部电话:0371-66026940、66020550、66028024、66022620(传真)

E-mail:hhslcbs@126.com

承印单位:河南新华印刷集团有限公司

开本:787 mm×1 092 mm　1/16

印张:7.5

字数:132 千字

版次:2023 年 3 月第 1 版　印次:2023 年 3 月第 1 次印刷

定价:78.00 元

前　言

为认真贯彻《中华人民共和国安全生产法》,全面落实水库工程管理单位安全生产责任,以水库工程安全运行为中心,强化落实全员安全生产责任,形成涵盖全员、全过程、全方位的安全生产责任体系,有效地预防和遏制生产安全事故的发生,确保水库工程安全持续稳定。本书以白龟山水库安全生产管理为基础,以水利安全生产标准化建设为指导,全面系统地介绍了水库安全生产管理实践。

白龟山水库于1958年12月开工兴建,1966年8月竣工,水库总库容9.22亿m^3,是一座以防洪为主,兼顾农业灌溉、工业和城市用水综合利用的大(2)型年调节水库。白龟山水库下游有城市、铁路、高速、国道等重要基础设施,工程地理位置十分重要。历经兴建、度汛、续建和除险加固,经过60多年的运行管理,白龟山水库取得了丰富的安全生产管理经验与成果。2016年,白龟山水库被水利部评为安全生产标准化一级达标单位,水库的安全运行为平顶山市地方经济和社会发展做出了巨大的贡献。

本书共有5个章节,主要内容包括:概述,白龟山水库安全运行管理,白龟山水库安全生产标准化建设,白龟山水库安全隐患排查治理工作方案编写,白龟山水库安全生产管理制度。本书对白龟山水库安全生产管理实践工作做了详细的介绍,安全生产管理实践工作内容丰富、系统性强、理论与实践结合紧密,可以作为水库安全运行管理人员的指导书和工具书,对水库工程安全管理具有一定的实用价值和参考价值。

由于编者水平有限，书中内容难免存在疏漏、失误之处，敬请各位专家和读者批评指正并提出宝贵意见。

编　者

2023 年 1 月

目　录

前　言
第 1 章　概　述 …………………………………………………… (1)
　1. 1　工程概况 ………………………………………………… (1)
　1. 2　水库建设运行 …………………………………………… (5)
　1. 3　水库管理机构 …………………………………………… (6)
第 2 章　白龟山水库安全运行管理 ……………………………… (8)
　2. 1　水库安全运行管理制度 ………………………………… (8)
　2. 2　水库安全管理设施 ……………………………………… (8)
　2. 3　工程安全运行巡查检查 ………………………………… (16)
　2. 4　大坝安全监测 …………………………………………… (19)
　2. 5　机电设备安全运行管理 ………………………………… (21)
　2. 6　工程维修养护 …………………………………………… (22)
　2. 7　水库安全调度 …………………………………………… (22)
　2. 8　大坝安全管理应急预案编制 …………………………… (23)
第 3 章　白龟山水库安全生产标准化建设 ……………………… (27)
　3. 1　安全生产管理绩效 ……………………………………… (27)
　3. 2　年度自主评定工作开展 ………………………………… (40)
　3. 3　自主评定结果 …………………………………………… (42)
第 4 章　白龟山水库安全隐患排查治理工作方案编写 ………… (43)
　4. 1　指导思想 ………………………………………………… (43)
　4. 2　工作目标 ………………………………………………… (43)
　4. 3　组织机构 ………………………………………………… (43)
　4. 4　安全隐患排查频次 ……………………………………… (44)
　4. 5　安全检查程序 …………………………………………… (44)
　4. 6　安全检查内容 …………………………………………… (47)
　4. 7　工作要求 ………………………………………………… (51)
第 5 章　白龟山水库安全生产管理制度 ………………………… (53)
　5. 1　安全生产目标管理制度 ………………………………… (53)

5.2 安全生产责任制管理制度 …… (60)
5.3 安全检查及隐患排查治理管理制度 …… (78)
5.4 安全生产考核奖惩及“一票否决”管理制度 …… (88)
5.5 河南省白龟山水库管理局安全风险分级管控制度 …… (93)
5.6 安全生产事故报告和调查处理管理制度 …… (98)
5.7 安全生产标准化绩效评定管理制度 …… (106)
参考文献 …… (112)

第1章 概 述

1.1 工程概况

白龟山水库坐落于淮河流域沙颍河水系沙河干流上,拦河坝坝址位于平顶山市西南郊,距市中心9 km,是一座以防洪为主,兼顾农业灌溉、工业和城市用水综合利用的大(2)型年调节水库,与上游50 km处的昭平台水库共同构成沙河梯级防洪工程。水库控制流域面积2 740 km^2(其中昭、白区间1 310 km^2,昭平台水库以上1 430 km^2)。水库总库容9.22亿m^3,正常蓄水位约103.00 m,汛期限制水位约102.00 m,死水位97.50 m。洪水标准采用100年一遇设计,相应设计洪水位106.19 m;2 000年一遇校核,相应校核洪水位109.56 m。水库于1958年12月开工兴建,1960年主体工程基本建成,1966~1969年续建加固;"75·8"大水后进行了度汛加固,于1976年垂直加高大坝1 m;1998年10月水库除险加固开工,2006年12月,加固工程通过正式竣工验收。白龟山水库下游重点保护对象有:平顶山市、漯河市、周口市等重要城市,京广铁路、京广高铁、京港澳高速、宁洛高速、兰南高速、107国道等基础设施,工程地理位置十分重要。白龟山水库位置示意图见图1-1。

白龟山水库主要由拦河坝、顺河坝、北副坝、泄洪闸、拦洪闸、南干渠渠首闸与北干渠渠首闸、拦河坝与顺河坝导渗降压系统等组成。白龟山水库枢纽平面布置见图1-2。

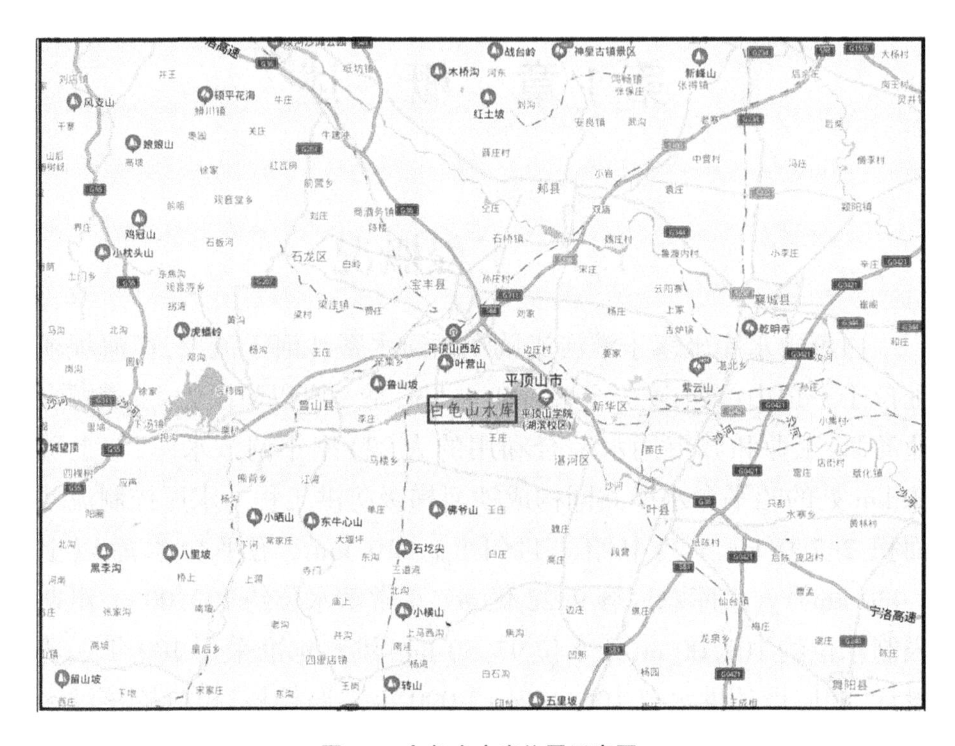

图 1-1 白龟山水库位置示意图

(1)拦河坝:位于九里山与泄洪闸之间。坝体为均质土坝,坝顶长 1 545.4 m,坝顶宽 7 m,坝顶高程 110.40 m,防浪墙顶高 111.60 m,最大坝高 24 m。

(2)顺河坝:位于水库上游沙河右岸,东起泄洪闸(原白龟山处),向西过鱼陵山,约在 12+700 处折向西南,到鲁山县磙子营乡朴石头村村北。坝体主要为均质土坝,坝长 18 016.5 m(上游末端 516.5 m 为 0.4 m 厚重力式浆砌石挡水墙),最大顶宽 6 m,坝顶高程 110.40~110.80 m,防浪墙顶高程 111.60 m,最大坝高 16.26 m。

(3)北副坝:位于水库上游左岸滍阳镇附近,结合平顶山市新城区道路规划修建,总长 4 387.55 m,并结合道路布置,在侧分带回填黏土至 110.0 m 高程作为防渗体,路面高程不低于 110.5 m。

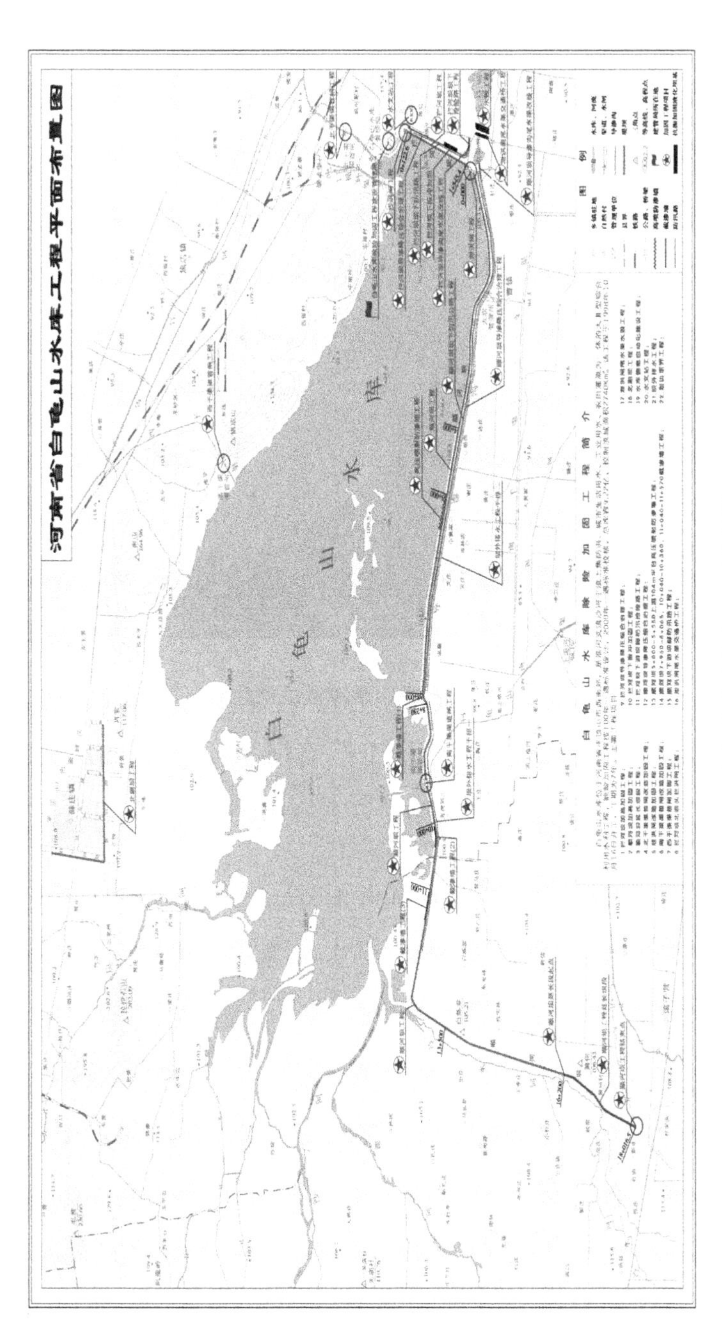

图 1-2 白龟山水库枢纽平面布置图

（4）泄洪闸：位于拦河坝、顺河坝交汇处的原白龟山基岩上，带胸墙的开敞式结构，设 7 孔 11 m×10 m（宽×高）弧形钢闸门，闸底板高程 92.00 m，最大泄量 7 105 m^3/s，见图 1-3。

图 1-3　白龟山水库泄洪闸照片

（5）拦洪闸：也称过路涵，位于拦河坝 0+102.95~0+122.60 处，由闸门房、闸孔和移动式平板钢闸门组成，闸门为 6 m×2.6 m（宽×高），闸底板高程 109.00 m。

（6）南干渠渠首闸：位于顺河坝 9+434 处，为涵洞式，设 2 孔 2 m×3 m（宽×高）潜孔式平板钢闸门，闸底板高程 95.00 m，设计引水流量 35 m^3/s，加大为 50 m^3/s。

（7）北干渠渠首闸：位于北坝头上游约 500 m 山凹处，带胸墙开敞式结构，设 3 孔 5 m×3.5 m（宽×高）弧形钢闸门，闸底板高程 94.00 m，设计引水流量 120 m^3/s，配合泄洪控泄流量 200 m^3/s，最大泄量 333 m^3/s。

（8）拦河坝与顺河坝（简称拦、顺河坝）导渗降压系统：位于拦河坝与顺河坝坝后，拦、顺河坝导渗降压系统由 366 眼降压井和近 13 km 的导渗沟组成，降压井多为水泥石棉管，少部分为镀锌钢管，井管管径ϕ259~ϕ291 mm(其中钢管外径为ϕ273 mm),井深为18~31 m不等。

1.2 水库建设运行

1.2.1 工程建设运行概况

1950年7月,淮河流域发生特大洪水,灾害损失惨重。当年10月,政务院(现称国务院)发布“关于治理淮河的决定”,同月,河南省治淮总指挥部奉命成立。同年秋末,地质部淮河地质队在沙河上游初选曹楼和下汤两个坝址修建水库。1953年冬至1954年夏,水利部治淮委员会工程部会同河南省治淮总指挥部共同查勘,选定昭平台、白龟山两个坝址。1954年7月至1955年4月,由地质部淮河地质队与河南省治淮总指挥部第一基本工作队共同进行白龟山坝址首次地质勘察、测绘和土的物理力学试验,为技术经济论证提供资料。1956年初,治淮委员会《淮河流域规划》中第三卷“防止水灾”明确把昭、白二库列入优先修建项目,规划目标以防洪为主,兼顾农业灌溉和城市供水。

水库从1958年开工兴建至今,工程建设前后经历了初建、续建、度汛、除险加固等阶段。

水库于1958年12月开工兴建,采取水平铺盖防渗,1960年主体工程基本建成。当时设计洪水标准为100年一遇洪水设计,1 000年一遇洪水校核。主要建筑物拦河坝坝顶高程107.60 m,最大坝高22 m,坝顶长1 460 m,其中0+600~1+132坝段水中倒土填筑,其余为干筑碾压填筑;顺河坝坝顶高程108.70 m,最大坝高14.56 m,坝顶长16.20 km,其中0+000~0+060为黏土心墙坝,0+060~0+800坝段水中倒土填筑,其余为干筑均质坝。

水库建成后,坝后渗水翻砂、土地沼泽化严重,且因防洪标准低,于 1966~1969 年进行续建加固,降低泄洪闸底部高程至 92.00 m,设弧形钢闸门 7 孔 11 m×10 m(宽×高),最大泄量 6 300 m^3/s,并在坝后做导渗沟,拦、顺河坝打降压井 326 眼。

"75·8"大水后进行了度汛加固,于 1976 年垂直加高大坝 1 m,并在顺河坝 13+500~15+000 段设炸药室,作为防御超 1 000 年一遇洪水的非常措施。

1.2.2 除险加固

水库运行多年来,发挥了较好的社会效益和经济效益。但除险加固前白龟山水库却是一座著名的病险水库,存在的主要病险有:一是防洪标准低,经 1976 年水文复核,防洪标准不足 500 年一遇;二是工程建筑物存在诸多问题,导渗降压系统大部分老化淤堵、功能失效,坝基渗流异常;三是闸门老化严重,主坝后存在地震液化沙层等。水库被评估为"三类坝"。

为解决水库存在的上述病险问题,1994 年提出对白龟山水库进行除险加固。除险加固主要工程项目包括:拦河坝加高加固;顺河坝加高加固及顺河坝延长;新建北副坝;新建过路涵;拦河坝与顺河坝导渗降压系统综合治理;拦河坝坝脚外振冲加固;顺河坝坝基高喷防渗墙及混凝土截渗墙;顺河坝坝外排水治理;泄洪闸、南北干渠渠首闸改造加固及闸门更新;新建泄洪闸尾水渠交通桥;泄洪闸尾水渠水毁工程;水文设施改造;水库信息自动化系统建设;防汛交通道路;生产管理用房;划定水库管理范围等。

2015 年,对白龟山水库大坝进行除险加固后的首次安全鉴定。鉴定存在的主要问题:北副坝工程尚未实施,存在防洪安全隐患;顺河坝局部断面存在渗流薄弱环节等。大坝安全基本属于"二类坝"。

1.3 水库管理机构

1960 年 9 月,白龟山水库工程基本建成后,许昌专署于 12 月组建水库工程管理局,开展工程管理工作。当时,主要开展坝后大面积地下水观测,初步了解了坝基渗透稳定和坝后土地浸没情况及对工程的危害,并为设计提供依据。1961~1963 年,度汛工程施工中,管理局职工大部分参加施工,并开展了坝后地下水、拦河坝沉陷及拦、顺河坝渗流量观测。1963~1966 年,管理局和工程指挥部合署办公,这期间继续开展了拦、顺河坝渗流量、拦河坝沉陷、坝后地下水观测,进行了坝体观测设备的设计和安装,库区淹没线以下迁移高程标点测量和埋设等。1967 年水库工程竣工后,全面开展了工程管理工作。1970 年灌区工程兴建和配套完成,交付管理运用。

河南省白龟山水库管理局在省水利厅的领导下尊重科学,认真对待设计洪水复核,加强水库调度与工程观测、维修,开展对工程质量的技术论证,较好地发挥了水库的工程效益,同时也取得了一定的经济效益。

第2章 白龟山水库安全运行管理

2.1 水库安全运行管理制度

河南省白龟山水库管理局自成立以来，认真学习、贯彻落实《中华人民共和国水法》（简称《水法》）、《中华人民共和国防洪法》（简称《防洪法》）、《水库大坝安全管理条例》《水库工程管理通则》《土石坝安全监测技术规范》《土坝安全监测资料整编规范》《土石坝养护修理规程》等法律、法规、规范、规程，根据水库工程运行管理工作实际，不断制订、修改、补充、完善了相应的工作制度和操作规程，包括大坝维修养护工作制度、大坝检查观测工作制度、防汛调度工作制度、闸门启闭操作规程、学习培训制度、岗位责任制度、请示报告制度、检查报告制度、事故处理制度、工作总结制度、工作大事记制度等。做到了关键岗位制度上墙，靠制度管人、靠制度管事的良好局面。

水库运行管理工作，严格按照有关规范、规程要求进行，管理工作有序开展，管理水平逐步提高。按照《河南省水库工程管理考核标准》，近年来水库各项工作严格按制度执行，切实做到了水库管理制度化、规范化、科学化。

2.2 水库安全管理设施

2.2.1 雨水情自动测报系统

白龟山水库采用基于全球移动通信系统（global system of

mobile communications,GSM)的水文测报系统,该系统采用有线网络和中国移动的GSM作为主信道接收水文系统采集的各个站点的雨水情信息,整个报汛过程为:报汛站—基站—移动通信公司水情数据短信服务器—省中心—落地进库。遥测系统在水利部淮河水利委员会和省水文系统10个基本测站的基础上,根据白龟山水库洪水预报调度的实际需要,按照水情分中心建设技术要求及标准新建2个雨量自动测报站,即白村和二道庙。白龟山水库报汛站点见图2-1。

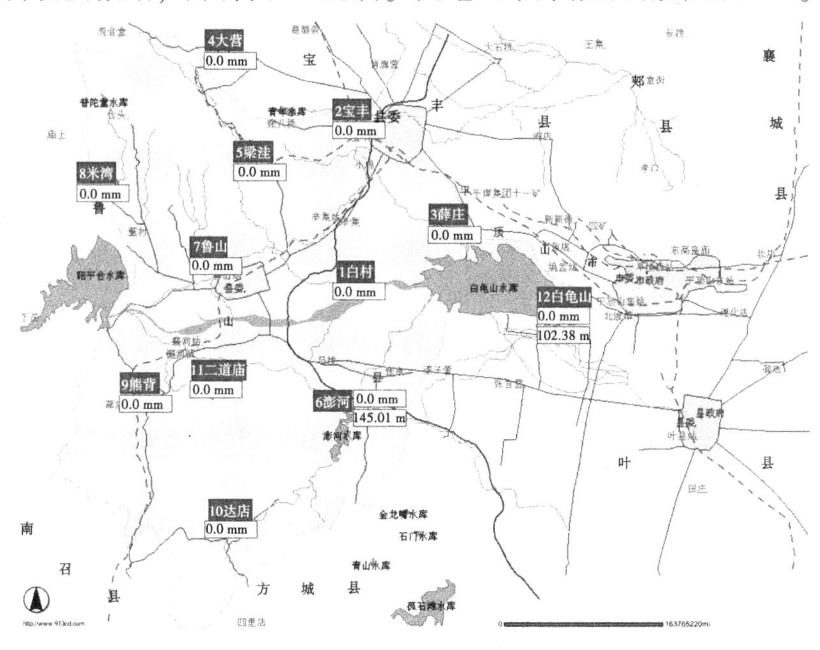

图2-1　白龟山水库报汛站点示意图

为进一步提高雨量遥测系统的稳定性和保证率,水库管理局对原来的雨水情测报系统进行了升级改造,增加北斗卫星通信终端。各测站数据传输第一目的地采用SMS通信方式,数据发送到河南省水文局中心站,与原有遥测系统兼容;第二目的地采用北斗卫星作为通信信道发送数据到白龟山水库管理局。水库管理局升级改造了白龟山水库分中心站,开发北斗卫星终端接收监控软件和升级改造河南省水文局数据接收软件。分中心采用两种方式接收系统遥测站数据:一种方式是采用北斗卫星终端接收遥测站通过北斗卫星通信信道发送的遥测数据;另外一种方式通过水利专网接收河南省水文局通过网络转发的遥测数据。这两种方式互为备份,接收数据完全相同。通过北斗卫星终端接收数据的过程为报汛站—北斗卫星—白龟山分中心。白龟山水库水雨情测报系统见图 2-2。

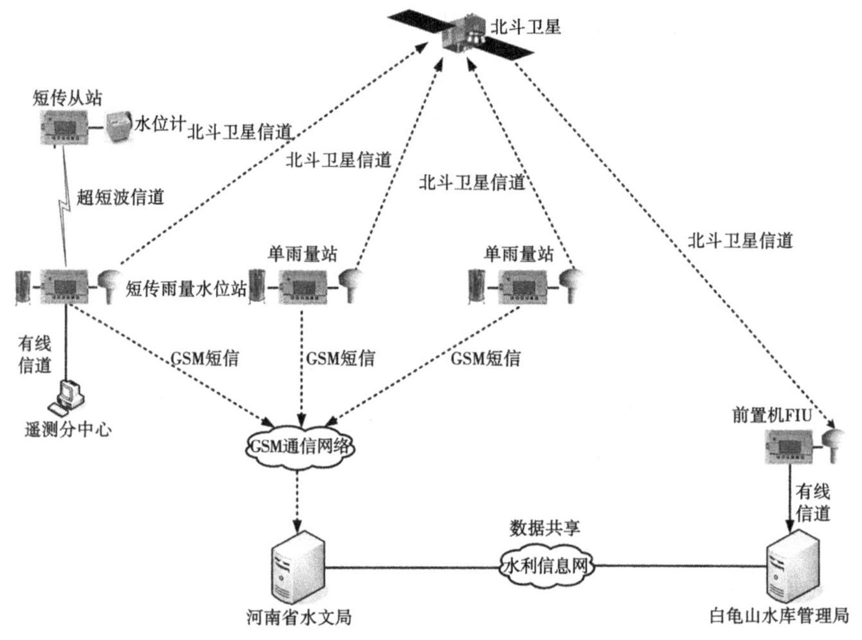

图 2-2　白龟山水库水雨情测报系统组网示意图

2.2.2　调度自动化系统

2.2.2.1　预报系统概述

1997 年,白龟山水库管理局对洪水预报调度软件进行了更新和完善,使得洪水预报调度全过程由原来的 2～3 h 缩短为 10 min,大大地节省了时间,洪峰精度达到 90%,洪量达到 85%。同时,根据短期降雨预报的结果,可利用短期降雨预报的有效预见期 24 h(扣除预报信息传递时间和预泄决策调令传达及实施时间,洪水预见期 12 h),为水库防汛调度决策赢得了时间。沙颍河流域河道洪水传播时间见图 2-3。

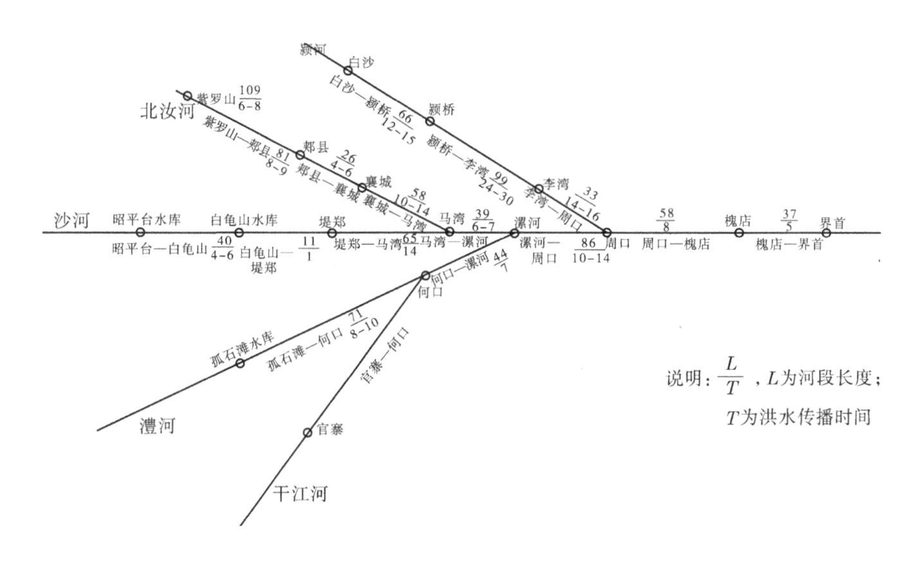

图 2-3　沙颍河流域河道洪水传播示意图

2006 年,水库又开发了新的洪水预报调度软件,实现了预报调度系统与 GSM 水文测报系统数据库的对接,应用端可直接调取数据库时段的雨水情信息进行洪水预报调度,简化了数据调用操作过程,提高了洪水预报的工作效率。

2017 年,白龟山水库分布式洪水预报模型研究及预报调度系统投入使用。以流溪河模型为原型,根据白龟山水库的下垫面特征及降雨径流特点,研究提出适用于白龟山水库入库洪水预报的分布式物理水文模型;采用粒子群优化算法,基于流溪河模型云平台,开展白龟山水库入库洪水预报分布式物理水文模型参数优选,提出一套适用于白龟山水库入库洪水预报分布式物理水文模型的参数;基于白龟山水库现有的水情自动测报系统和计算机网络条件,开发白龟山水库入库洪水预报系统。

2.2.2.2　预报模型

白龟山水库洪水预报主要采用 3 种模型:API 模型;改进的新

安江模型;分布式洪水预报模型。

1. API 模型

产流部分采用了降雨径流相关线。在进行降雨径流方案制作时,选用了 1970 年以来的暴雨洪水,开展了降雨和径流深分析计算,结合原来已有的分析计算成果,延长了洪水序列,增加了洪水场次,制作了 $P-P_a-R$ 和 $P+P_a-R$ 相关线。在 P_a 计算时,t 取 30 d,主降雨前有间隔的小雨合并到 P_a 值中。经过每场洪水逐项计算,分析点绘后,$P-P_a-R$ 相关方案合格率为 78%;$P+P_a-R$ 相关方案合格率为 75%。

汇流采用径流深洪峰流量相关线。在制作 $R-Q_m$ 相关线时以主要降雨历时 T 作参数。主要降雨历时指时段累计降雨量超过次降雨量 80%的历时。采用 2 h 综合单位线。由于白龟山水库以上大部分降雨比较均匀,因此通过调试分析制出了一条 2 h 综合单位线。经过 10 次大、中、小洪水的检验,洪峰流量合格率达 80%;峰现时间由于反推入库洪水造成的均化,峰现时间合格率 70%吻合。

2. 改进的新安江模型

改进的新安江模型是基于 Horton 理论的降雨与径流观点,对新安江模型透水面积上产流量计算的改进。

Horton 理论提出于 1933 年,其基本思想是径流来源于两部分:第一部分,当降雨强度大于下渗能力时,产生地表径流;第二部分,当下渗水量大于土壤缺水量时,产生地下径流。

Horton 理论的雨强大于下渗能力时产流,土壤张力水分饱和时产流这两点基本正确。但饱和径流全为地下径流这一点不正确,因为按照这种观点植被良好下渗能力极大的湿润地区没有地表径流,这与实测资料不符,土壤自由水蓄满后饱和径流同样形成地面径流,此外由饱和径流形成的土壤自由水的出流不光是地下径流还有壤中流。按照 Horton 理论,超渗产流、蓄满产流可解释为产流的两种极端形式。干旱地区降雨量少,包气带较厚下渗水量很难满足土壤缺水量,同时由于干旱地区植被较差下渗能力小,雨强容易超过下渗能力形成径流。湿润地区降雨充沛,包气带较薄下渗水量容易满足土壤缺水量,同时由于湿润地区植被良好下渗能力很大,雨强极难超过下渗能力形成径流。半干旱地,其下渗能力和张力水容量均介于干旱和湿润地区之间,这样雨强较大时有可能超过下渗能力形成地表径流,降雨量较多时土壤张力水也可能蓄满形成径流(地表、壤中、地下径流)。改进的新安江模型就是基于上述观点。改进的新安江模型由土壤蒸散发计算、产流计算和汇流计算这三部分组成。

3. 分布式洪水预报模型

分布式洪水预报模型的总体思路是,采用可获取的、有质量保证的、适当分辨率的流域 DEM 对整个流域进行划分,从水平方向和垂直方向将流域划分成一系列的单元,各个单元被看作是一个有物理意义的单元流域,各个单元流域有自己的流域物理特性数据,包括 DEM、植被类型、土壤类型和降雨量,在单元流域上计算蒸散发量及产流量。在计算蒸散发量及产流量时,不考虑相邻单元的影响,即认为各个单元流域上的蒸散发量及产流量的产生是相互独立的,各单元上产生的径流量通过一个汇流网络从本单元开始,进行逐单元的汇流,至流域出口单元。汇流分成边坡汇流、河道汇流和水库汇流,各采用不同的计算方法。整个模型分成流域划分、蒸散发计算、产流计算、汇流计算和参数推求 5 个相互独立的部分,每个部分是一个功能独立的模块。

针对白龟山水库流域特点,创新性地将流溪河模型成功应用于下垫面条件复杂的白龟山水库流域,构建了白龟山水库入库洪水精细化预报的分布式物理水文模型,解决了受上游水库影响的入库洪水预报难题。

本书率先采用粒子群(PSO)算法,优选了白龟山水库入库洪水预报流溪河模型参数,提出了一套具有较高洪水预报精度的模型参数,有效地提高了模型的洪水预报效果。

本书采用最新的 Web 服务、并行计算技术、GIS 与遥感技术,开发了白龟山水库入库洪水预报与调度系统。

2.2.3 信息管理及自动化集成系统

白龟山水库信息管理及自动化集成系统主要包括闸门自动化控制系统、计算机网络系统、视频监控系统、视频会商系统。

2.2.3.1 闸门自动化控制系统及视频监控系统

白龟山水库闸门自动化控制系统对泄洪闸 7 孔工作闸门、北干渠渠首闸 3 孔工作闸门、南干渠渠首闸 2 孔工作闸门进行自动化控制。其中泄洪闸设置集中控制系统,主控级设于泄洪闸北桥头堡二楼,主控级是整个闸门的控制核心,主要完成闸门运行的自动化及其管理。现地控制级设于闸门启闭现场,主要由 PLC 及单元仪表(闸门开度、荷重、电流电压显示)组成,现地控制级可通过触摸屏或控制按钮实现闸门启闭操作,主控级与现控级单元均通过以太网(TCP/IP)内网连接(与外网无连接)。北干渠渠首闸和南干渠渠首闸均采用现地控制柜控制,一扇闸门设置一套现地控制单元。

白龟山水闸视频监控系统由省防汛重点部位视频监控、水闸安防监控组成。省防汛重点部位视频监控包含前端设备、监控中心、传输线路 3 部分:前端设备包括高清摄像机、防雷系统、辅助线材等;监控中心由 NVR 存储设备、交换机、客户端软件等组成;传输线路通过已建的防汛计算机网路系统,实现监控图像接入到“省水利厅视频监控综合管理系统”。水闸安防监控系统涵盖水闸各交通出入口、交通桥、检修桥、水闸上下游水工建筑物、所辖营区等区域,对水闸日常预防突发事件和不法侵害、违法犯罪等事件 24 h 实时监控,保障水闸运行管理安全。

2.2.3.2　计算机网络系统

白龟山水库计算机网络采用单环形以太网,其通信介质为五类双绞网线和单模光缆,通信协议为 TCP/IP,由以太网交换机、五类网线光缆等组成整个水库局域网 LAN,各服务器、监控、监测、监控主控机工作站等计算机和网络打印机通过网线接于交换机,而位于水库现场的各子系统,则通过现地交换机和光缆挂于中心交换机,形成水库的 LAN。

2.2.4　防汛交通与通信设施

白龟山水库配有专用防汛车辆、防汛物资均按要求足额储备到位,主要有铅丝、木材、土工布、救生衣、麻袋、编织袋、冲锋舟、电缆、应急灯、应急通信设备等,设有专门的防汛仓库,有专人管理,并对防汛料物进行了建档立卡;管理制度健全;防汛车辆齐备,正常运行;防汛道路平整畅通;备用电源安全可靠;动力系统、预警系统、通信设施、抢险工具等足额储备,状态良好,运行可靠。

白龟山水库有自动遥测报汛系统、公网无线(手机)、公网有线(固定电话)、系统专网(微波通信)和无线电台 5 种。紧急情况时平顶山市无线电管理局负责无线通信的频率调配,排除信号干扰,确保应急抢险无线通信畅通;中国移动河南公司平顶山分公司、中国联通河南公司平顶山分公司、中国电信河南公司平顶山分公司确保白龟山水库大坝安全管理应急指挥部、水文站、报汛站的程控电话与数据传输的通信线路畅通及抢险区域在险情处置时的移动通信需要。

2.2.5　防汛物资储备

防汛物资按水利部颁发的防汛物资储备要求足额配备,应做到账目清楚、制度健全,有专人保管,有专用物资仓库;防汛道路平整畅通,均与主干道相连,有专用防汛船只和车辆;防汛备用电源运行良好，使用可靠；预警系统、通信手段可靠正常。

白龟山水库抢险物资和工具都存放在防汛仓库，由专门科室负责，防汛料物分别在拦河坝、顺河坝沿线六处料场，由管理局管理，需要 10～20 min 即可运抵现场。水库现有防汛车辆、冲锋舟，可直接调用。

2.2.6　应急供电

白龟山水库供电线路分三路：泄洪闸、南干渠渠首闸、防汛抢险队一条线路；水库办公楼一条线路；防汛值班室和通信站为双电路，北干渠渠首闸一条线路。配有专职维修工，泄洪闸配备一台功率 160 kW 发电机组，额定电压 400/230 V，额定电流 288.7 A。每月对发电机组进行一次试车，每周养护一次，保证发电机组安全运行，供电安全有保障。

2.3　工程安全运行巡查检查

水库巡视检查包括日常巡视检查，月检查、季检查，汛前、汛后大检查，汛期巡回检查和特别巡视检查。

日常巡视检查：由拦、顺河坝各坝段管理人员，闸门启闭工担任。

月检查、季检查：由水库处主任主持，拦、顺河坝各坝段管理人员及工程技术人员参加检查。

汛前、汛后大检查：由水库防汛办公室主持，行政技术局长代领，水库处技术人员及坝段管理人员参加检查。

汛期巡回检查：按防汛责任段分工负责，防洪起调水位以下，按日常巡视；超过防洪起调水位至防洪限制水位之间，日、夜两班检查；超过防洪限制水位，日、夜坚持巡回检查。

特别巡视检查：当工程发生重大问题和机械事故时，由局长召集有关部门行政、技术负责人参加检查,必要时需邀请水利厅防汛办公室(简称防办)、设计单位、科研所共同进行检查,分析原因,提出解决问题的办法。

2.3.1　检查项目和内容

(1)土坝:坝体沉陷发展变化情况。干砌块石护坡松动、风化、坍塌、丢失情况,垫层滤料是否裸露、流失。坝坡有无塌陷、裂缝、滑坡现象,坝脚排水沟是否畅通,无护面坝坡有无挖坑取土、开垦种植等问题。检查工程设施及管理范围内的白蚁及其他兽、虫害对坝体的危害情况,发现问题及时治理。检查护坡草皮的生长情况,有无放牧、铲割和杂草生长。检查坝顶路面,坝下公路平整程度,过路排水涵洞有无阻塞。导渗、降压沟的淤积情况,有无涌沙土沸现象。检查观测设备、井口保护设备是否完好。检查降压井运行状况,包括观测资料变化趋势有无异常。汛期及高水位情况下尤其要加强对原病险部位的监测,及时进行与历史资料的对比分析。

(2)泄水建筑物和闸门启闭机:混凝土、浆砌石工程有无冲刷、剥落、坍塌、裂缝,伸缩缝在温度影响下的变形情况及混凝土工程的碳化老化状况。消能、防冲工程的冲淤情况,闸下游边墙,底板排水设备的工作状况。检查操纵室的防雷保护设备,交通桥、公路桥混凝土梁,板栏杆、柱栏杆条有无变形。闸门面板有无撞伤,支撑杆件有无扭曲、断裂,焊铆结点有无开裂、错动,涂层有无脱落。检查闸门及启闭机各构件锈蚀及磨损老化程度。闸门起吊系统是否平衡、启闭行程中闸门有无摆动、倾斜、震动、滚动,滑动装置性能是否良好,闸门运行轨迹是否正确。止水系统运行状况如何。检查启闭设备的制动系统是否可靠。检查自动、手动启闭系统的运行。闸门启闭机如在一个月内无启闭,应进行一次试运转。

(3)电器、电讯设备:检查高、低压输电线路,电话通信线路,线条是否完整,线路保护范围内有无障碍物影响,线杆、横担、撑角、瓷头有无松动脱落。校验电器设备的耐压、绝缘、油料、防震装置等的技术指标,方法可以查阅校验鉴定书,也可用仪表直接测量。检查电动机的功率,电压及启动机电流,工作电流相间绝缘,对地绝缘程度。检查电话交换机、单机及防汛超波电台的收、发话情况,手摇发电机技术状况。发电机组要进行负荷试验,检查功率、电压、电流、周波、温升是否符合技术要求。有无杂音、出力及各部位、各构件运行情况是否正常。检查机动车辆,船只的技术状况。检查中发现的问题,大型机器、设备要记入档案。

(4)工程材料:检查破坝分洪需用的炸药、雷管、导爆索的数量、质量情况。检查防汛仓库的防雨、防潮、防火等技术措施,草、麻袋、土石方工具及三材的储存数量及质量。检查闸、坝附近存放的砂、石料的堆放位置、规格、数量是否符合要求。检查抢险报警设备、救生设备,是否满足工作需要。

2.3.2 检查方法和要求

大坝日常巡查可以分为经常检查、定期检查和特别检查。

(1)经常检查:一般每周两次,如果在特殊情况下(汛期高水位、大风、大雨、地震及出现大洪水)每天至少一次,对屡经检查无明显变化的部分,可适当减少检查次数。经常检查主要内容包括坝体裂缝、渗流;边坡滑动、坍塌、塌陷和隆起;护坡完好情况;排水系统有无堵塞、损坏;防浪墙、坝顶路面情况;坝体蚁害、兽洞情况及观测设备工作情况等。检查中如发现侵占、破坏或损坏水利工程的行为,应立即采取有效措施予以制止,处理不了的及时上报,有关情况要记录存档。

(2)定期检查:主要是指汛前、汛后、大量用水期前后或在其他正常情况下,应进行全面或专门的检查,一般每年不少于2~3次。

(3)特别检查:主要包括特大洪水、暴雨暴风、地震、库水位骤升骤降或持续高水位等,发生比较严重破坏现象或出现其他危险迹象时,要进行特别检查,对容易发生变化和遭受损坏的部位要加强检查观察,必要时对可能出现险情的部位应昼夜监视。主要检查内容:高水位时检查背水坡、反滤坝址、两岸接头、下游坝脚和其他渗流出逸部位。大风浪时应对迎水面护坡检查。暴雨时应对上下游护坡面的检查及可能发生滑坡坍塌部位进行彻底检查。水位骤升骤降时应对迎水坡可能发生滑坡部位进行检查。地震后应对堤坝建筑物进行全面的检查和观察,特别要注意有无裂缝、塌陷、翻沙冒水及渗流量等异常现象进行检查,对每次检查出的问题应及时妥善处理。

2.4　大坝安全监测

大坝安全监测按照相关技术规范的要求开展安全巡视检查及仪器监测,现有检查、观测项目有大坝外观巡视检查、仪器设备监测等,拦河坝渗流观测仪器有较多损坏。水库基本能够及时对监测资料进行整编并进行分析。监测项目及监测频次基本满足规范要求,大坝部分位移观测数值异常,为观测误差;大坝渗流场(包含渗流压力、扬压力和渗流量)基本稳定,坝体的浸润线及坝基的扬压力正常,整体稳定;大坝浸润线部分测压管内长期无水,测值连续性不高。

2.4.1　变形监测布置

白龟山水库变形监测包括拦河坝垂直位移、顺河坝垂直位移和北干渠垂直位移。

拦河坝垂直位移观测在上游103.00 m平台、坝顶110.40 m上游坝肩、坝顶110.40 m下游坝肩、下游101.00 m平台按照200 m间距分别设置了 7 个断面(桩号 0+200~1+400)共计 28 个沉陷标点,从上游到下游编号依次为-1、-2、-3、-4。

顺河坝垂直位移观测在上游 103.00 m 平台、坝顶 110.40 m 上游坝肩、坝顶 110.40 m 下游坝肩、下游 101.00 m 平台按照 500 m 间距分别设置了 27 个横断面(桩号 0+000~13+500)共计 105 个沉陷标点,从上游到下游编号依次为-1、-2、-3、-4。

北干渠沉陷在闸室上游闸墩上布设了 4 排 8 个沉陷标点,每个闸墩 2 个点。

为方便对大坝沉陷进行测量,在水库北干渠渠首闸院内、北坝头、车间、泄洪闸、顺河坝 2+800 值班室院内、鱼陵山、南干渠管理房院内、肖何村等地埋设了工作基点,基点高程由任店口国家二等水准点引测。

2.4.2 渗流安全监测设施布置

白龟山水库渗流监测包括测压管监测和渗流量监测。

测压管监测:①拦河坝坝基测压管 13 支,井间压力管 17 支,编号依次为 2、4、6、7、8、9、10、11、13、14、15、16、17、18、19、20、21;②顺河坝坝基测压管 47 支;③坝体浸润线管 34 支,目前,11+400 断面浸润线管内无水,其他断面共收集到 11 支测压管数据,其中 4 个测管数据不完整;④井间压力管 94 支,有效管数目为 93 根,分布在 0+500~8+000 区域内;⑤南干渠绕闸渗流量监测共埋设测压管 4 根。

渗流量监测包括拦河坝渗流量监测和顺河坝渗流量监测:①拦河坝渗流量监测在拦河坝坝下排水沟出口处设 2 个梯形量水堰;②顺河坝渗流量监测在导渗沟 0+700 处,采用测流速法观测,利用低流量流速仪(小于 1 000 L/s)对渗流量进行人工实测。

2.4.3 安全监测自动化系统

白龟山水库大坝安全监测自动化系统主要是对拦河坝渗流进

行自动监测、数据自动传输。系统采用新一代的DG型分布式大坝安全监测自动化系统，安装中央采集控制装置，通过总线控制方式控制测量装置对大坝浸润线和坝基扬压力进行自动化监测；各类仪器可以采用巡测、选测、自报等方式测量；通过Windows环境下运行的数据采集软件对测量设备进行操作，读取并自动存储数据。大坝监测自动化系统可以有效地增加测量频率，实现大坝安全监测的无人或者少人值守，提高工作效率，为水库大坝各监测项目提供可靠的分析数据和各类分析图表。该系统由监测仪器（渗压计，美国基康公司BGK4500AL）、MCU-1/2/3M型测控装置（由进口密封机箱、智能数据采集模块、电源模块、人工比测模块和防雷模块等组成）、计算机及配套软件组成，布置在现场的测控装置（MCU）能在野外恶劣的环境下长期可靠运行、低能耗，并备有备用电源，有可靠的防雷抗干扰保护措施，可采用多种通信方式，便于系统组成和扩展，且所有监测参量均能实现人工比测。

2.4.4　资料整编分析

2.4.4.1　资料整编

参照相关技术规范的要求，水库管理局每年对监测资料进行资料整编。

2.4.4.2　资料分析

通过对监测资料数理统计和相关分析，水库管理局结合巡视检查结果，对大坝总体性状进行分析。

2.5　机电设备安全运行管理

水库管理局制订了机电设备运行检修操作规程和维修保养规程，机电设备、仪器仪表的维护保养工作，严格执行各项制度及标准，确保机械、机电设备始终处于良好的工作状态。机电运行各岗位职责明确，操作运行规范，资料记录完整，做到人员、设备、设施、环境的安全。

2.6 工程维修养护

在工程维修养护方面，本着以防为主、防重于修、修重于抢的原则，平时注重做好工程的养护工作，汛前、汛后利用维修养护经费对工程及设备进行系统维护，平时对于发生缺陷的水工建筑物，做到了小坏小修、随坏随修，防止了缺陷的扩大。对较大的维修项目，将其列入岁修计划或水利救灾资金项目计划，积极申报项目，批复后按程序实施，坚持“公开、公平、公正”的原则，择优选择施工队伍和供货商，按时完成建设任务，确保工程质量和施工资料的完备。

2.7 水库安全调度

2.7.1 防洪调度

根据水库上下游防洪标准及要求和泄洪设施的控制能力，白龟山水库为“有下游防洪任务、分级有闸控制”的调度方式。

(1)当库水位 102.00~105.38 m(20 年一遇)时，控泄 600 m^3/s。

(2)当库水位 105.38~105.90 m(50 年一遇)时，控泄 3 000 m^3/s。

(3)当库水位 105.90 m 时，泄洪闸敞泄。

(4)当库水位超过 106.19 m(100 年一遇)时，泄洪闸敞泄，北干渠控泄 200 m^3/s，并通知下游紧急转移。

2.7.2 兴利调度

水库兴利调度包括灌溉调度和供水调度等。

2.7.2.1　灌溉调度

水库灌区范围涉及平顶山市的湛河区、新华区、卫东区、叶县、鲁山县，许昌市的襄城县和漯河市的舞阳县，总人口 60 多万人。设计灌溉面积 50 万亩（1 亩 = 666.67 m^2），现已实灌 25.33 万亩。灌溉设计保证率为 75%。灌溉供水严格执行用水计划，由于近几年水库来水不多，主要是向湛河区的曹镇乡进行水稻灌溉。

2.7.2.2　供水调度

供水调度分为生活供水调度和工业供水调度。

1. 生活供水调度

城市生活供水最低使用库水位为 97.5 m（死水位）。城市生活供水执行供水计划，用水单位根据批复的用水指标制订用水计划。1971 年开始供平顶山市居民生活用水，年最大供水量约 9 074 万 m^3，多年年均供水量约 4 523 万 m^3。近几年，随着南水北调中线工程每年向平顶山市城区供水，白龟山水库城市生活供水有所减少。

2. 工业供水调度

工业供水最低使用库水位为 97.5 m（死水位）。工业供水执行供水计划，用水单位根据批复的用水指标制订用水计划。工业供水主要是向平顶山姚孟发电有限责任公司、平顶山鸿翔热电有限责任公司和平顶山煤业（集团）有限责任公司等企业供水。近几年随着电厂循环冷却系统的应用，工业供水量有所减少。

2.8　大坝安全管理应急预案编制

白龟山水库管理局按照《水库大坝安全管理应急预案编制导则》的要求，结合白龟山水库工程实际，编制了《河南省白龟山水库大坝安全管理应急预案》。针对预案中应急抢险内容，白龟山水库管理局每年挑选部分科目与地方人民武装部（简称人武部）联合开展防汛演练，并利用广播、电视、网络等宣传媒介，广泛宣传水库应急知识及预防、避险、自救、互救、减灾等常识,增强公众的忧患意识、责任意识及自救、互救能力。同时每年均对应急管理人员和防汛技术人员有计划地进行培训,提高其专业技能。

白龟山水库管理局建立了突发事件预测系统,汛期严格落实领导带班制和24 h值班制。水情监测系统由水库防汛办公室负责,每年进入汛期前须将水情自动测报系统设备安装调试完毕,保证汛期雨水情快速及时、准确无误地传递;汛期对设备定期进行巡回检查,确保设备运行正常。水库大坝观测系统由水库管理处负责,在汛前认真检查维护,确保观测设备齐全、完好,保证观测指数达98%,并分别建有正常观测制度和高水位加测制度及特殊情况巡查、定点检测等各种规章制度,在大暴雨等极端天气和高水位运用时,记录工程运行情况,发现异常时要迅速报告指挥部办公室,为抢险决策应对突发事件提供可靠依据。

根据白龟山水库大坝突发事件分级和溃坝事件的可能性,预警组织也相应地划分为四级,依次用红色、橙色、黄色和蓝色表示。预警级别划分标准见表2-1。

表2-1 白龟山水库突发事件预警级别颜色标识

事件严重性(级别)	特别重大(Ⅰ级)	重大(Ⅱ级)	较大(Ⅲ级)	一般(Ⅳ级)
预警级别	Ⅰ	Ⅱ	Ⅲ	Ⅳ
预警级别标识	红色	橙色	黄色	蓝色

预警信息的报告按属地为主和逐级上报的原则进行,根据可能发生安全事件的规模、影响范围和可能造成的危害及起始时间、应采取的措施等,由水库管理单位预测后,向河南省水利厅、淮河水利委员会、平顶山市人民政府预警报告,等待上级指令。预警信息的发布、调整和解除由水库大坝突发事件应急指挥机构依据有关法定程序决定和发布,可通过广播、电视、通信、信息网络、警报、宣传车

或由受影响地政府组织人员逐户通知等方式进行。根据水库的规模、水库所在地理位置和水库大坝出现的危及工程安全的险情的危害程度,水库大坝突发事件预警级别分为四级,水库突发事件预警级别划分标准见表 2-2。

表 2-2　白龟山水库突发事件预警级别划分

级别	预警级别标识	可能突发事件	可能的突发事件描述
Ⅳ级一般	蓝色	洪水	水库库水位超过 103 m,且预报即将达到或超过 104 m
		工程险情	工程隐患、战争或恐怖袭击造成水库大坝发生较小滑坡、管涌、渗漏等一般险情
		水污染	水库库区发生生态环境部门认定的一般的水污染事件
		地震	地震可能导致的大坝较小的震损
Ⅲ级较严重	黄色	洪水	水库库水位接近 20 年一遇防洪高水位 105.38 m,且预报即将达到或超过防洪高水位
		工程险情	工程隐患、战争或恐怖袭击造成水库大坝发生局部滑坡、管涌、渗漏等较严重险情
		水污染	水库库区发生生态环境部门认定的较严重的水污染事件
		地震	地震可能导致的大坝较严重的震损
Ⅱ级严重	橙色	洪水	水库库水位接近设计洪水位 106.19 m,且预报即将达到或超过设计洪水位
		工程险情	工程隐患、战争或恐怖袭击造成水库大坝发生局部滑坡、管涌、渗漏等严重险情
		水污染	水库库区发生生态环境部门认定的严重的水污染事件
		地震	地震可能导致的大坝严重的震损

续表 2-2

级别	预警级别标识	可能突发事件	可能的突发事件描述
Ⅰ级特别严重	红色	洪水	水库库水位接近校核洪水位 109.56 m,且预报即将达到或超过校核洪水位
		工程险情	工程隐患、战争或恐怖袭击造成水库大坝发生大面积滑坡、管涌、渗漏等特别严重险情
		水污染	水库库区发生生态环境部门认定的特别严重的水污染事件
		地震	地震可能导致的大坝特别严重的震损和溃坝

预警信息由应急指挥机构指挥长发布、调整和解除。预警信息包括预警级别、出险时间、可能影响范围、警示事项、应采取的措施和发布机关等。预警信息的发布、调整和解除可通过广播、电视、通信网络等公共媒体及其他手段等方式进行。

第 3 章　白龟山水库安全生产标准化建设

根据水利部《水利工程管理单位安全生产标准化评审标准》要求,白龟山水库管理局结合工作实际,成立年度安全生产标准化建设工作领导小组,制定《年度安全生产标准化建设工作实施方案》,建设工作贯穿全年度,内容包括目标职责、制度化管理、教育培训、现场管理、安全风险管控及隐患排查治理、应急管理、事故管理和持续改进等 8 个要素。通过资料审核、现场查看、现场考问等形式,对照标准逐条、逐项进行评定。

3.1　安全生产管理绩效

水库管理局严格按照水利安全生产标准化一级单位进行运行管理,全面落实安全生产责任制,不断强化安全生产教育和培训,建立健全安全风险分级管控和隐患排查治理双重预防机制,把安全生产标准化贯穿于整个安全生产管理工作中,对自身的标准化实施情况进行“全员、全过程、全方位”的检查,从制度、规章、标准、操作、检查等 5 个一级要素,验证各项安全生产标准化工作的落实执行情况,检查安全生产工作目标任务完成情况。确保“人、机、料、法、环境、管理、职业健康、安全”每个要素符合要求。

3.1.1　目标职责

3.1.1.1　目标

每年年初,白龟山水库管理局安全生产领导小组办公室根据国家有关安全生产法律、法规、标准、规范和《水利工程管理单位安全生产标准化评审标准》要求,结合本局工作实际,制订了单位安全生产总目标和年度安全生产目标任务及年度安全生产工作要点，分别以单位正式文件印发全局，目标任务及工作要点应明确安全生产工作的指导思想、总目标、主要任务和实施的保障措施，涵盖人员、设备设施、交通、水灾、安全风险分级管控与隐患排查治理、火灾事故及职业病等控制目标，目标全面，易于职工获取和落实；日常安全生产工作紧紧围绕安全生产目标开展，为年度安全生产工作指明了方向。同时结合各科室、股（班、组）的工作职能，对安全生产目标进行了层层分解，形成本级年度安全生产目标体系，并制订了安全生产目标实现的保障措施。

3.1.1.2 成立机构和职责

白龟山水库管理局应依据《中华人民共和国安全生产法》规定，成立了由局领导班子成员、局属各科室主要负责人等组成的安全生产领导小组，明确了各成员职责，人员和职务变化及时进行调整；并明确局安全生产领导小组办公室为水管局安全生产管理机构，配备了专职安全生产管理人员。

白龟山水库管理局安全生产领导小组每季度召开一次安全生产会议，会议主要内容有跟踪落实上次会议要求，总结分析本单位的安全生产情况、评估本单位存在的风险、研究解决安全生产工作中的重大问题，每次会议均应有签到、有记录，重大问题决定形成会议纪要。

每年年初，白龟山水库管理局召开全体职工参加的年度安全生产专题工作会议，会上传达上级关于安全生产的重要决策指示及重要讲话精神，全面总结上年度安全生产工作，安排部署了下年度安全生产工作任务。会议表彰上年度安全生产先进集体和个人，局属各科室现场递交当年度安全生产目标责任书。

3.1.1.3 全员参与

白龟山水库管理局制定了《安全生产责任制管理制度》，明确了以单位负责人为重点，各科室、股（班、组）、岗位个人参与的安全生产责任制，签订年度安全生产目标任务责任书，单位与河南省水利厅、水管局与科室、科室与股（班、组）、股（班、组）与岗位个人均签订安全生产目标任务责任书。安全生产目标任务责任书应涵盖各个管理部门及岗位的安全生产责任、管理目标及控制指标、考核要求及奖惩等，形成涵盖全员、全过程、全方位的安全生产责任体系。

为加强安全生产责任制落实，确保全员参与安全生产管理工作，完善安全管理机制与框架，白龟山水库管理局安全生产领导小组办公室组织安全生产责任制检查考核小组，每半年对各科室、股（班、组）和重要岗位人员的安全生产责任制适宜性、落实情况进行检查考核和评估，对不认真履行职责、不落实安全生产责任制的单位和个人进行通报批评。

3.1.1.4　安全生产投入

白龟山水库管理局制定了《安全生产费用投入管理制度》，对安全费用的提取、使用范围、使用程序、统计责任、会计核算等内容作了明确规定。每年年初，召开安全生产投入计划会议，根据安全生产费用规定的使用范围，由各科室、股（班、组）根据实际工作需要编制安全生产费用计划上报局安全生产领导小组办公室，然后由局安全生产领导小组办公室组织审核、局主要负责人审批后，编制单位年度安全生产费用需求计划上报省水利厅。安全生产费用的使用严格按照相关规定执行，履行审批程序，实行专款专用，并建立安全生产费用使用台账。为便于安全生产费用使用情况的监督检查，财务科每半年对各科室安全生产费用使用情况进行一次检查，年底对安全生产费用使用情况进行总结和考核，将结果进行披露。

为确保全体职工发生工伤事故后能够及时得到治疗，白龟山水库管理局为全体职工办理了工伤保险，职工的合法权益得到了应有的保障。

费用支出的安全生产项目有:安全生产教育和培训、"安全生产月"活动、劳动防护用品购置、安全风险管控与隐患排查治理双重预防体系建设、消防设施器材更新等。

3.1.1.5 安全文化建设

白龟山水库管理局以"安全第一,警钟长鸣"作为安全理念,通过参加全国水利安全生产网络知识竞赛、观看安全事故警示片、开展"安全生产月"活动、开展预防未成年人溺亡专项检查、举办消防安全知识讲座、交通安全知识讲座、举办意识形态专题教育、开展"健身月"活动、开展法制专题教育讲座等活动,教育、引导全体职工以水库工程安全为中心,把安全生产工作放在重中之重的位置,牢守安全红线,确保水库安全发展。

为搞好安全文化建设,年初白龟山水库管理局编制《安全文化建设计划》,明确了安全文化建设的指导思想和目标任务,通过安全生产月、安全生产知识网络竞赛、安全河南杯竞赛、消防安全知识讲座、交通安全知识讲座等活动的开展,丰富全体员工的安全生产知识,提高全体员工的安全生产意识,大力营造了浓厚的安全生产氛围。

3.1.1.6 安全生产信息化建设

白龟山水库管理局切实加强工程安全信息化管理,应建立大坝自动观测系统、水位及雨量遥测系统、闸门自动控制系统、泄洪闸远程控制系统、档案数字化管理系统、供水计量监测系统、安全生产电子台账、安全隐患排查治理台账、双预防体系线上操作系统,利用水利部安全生产信息填报系统上报安全生产隐患和事故信息,为水库工程安全提供基础保障。

3.1.2 制度化管理

3.1.2.1 法规标准识别

白龟山水库管理局制定《识别和获取使用的安全生产法律法

规、标准规范管理制度》,明确归口管理科室、识别、获取、评审、更新等内容。

3.1.2.2 规章制度

每年由白龟山水库管理局安全生产领导小组办公室及时识别和获取适用的安全生产法律法规和其他要求,以正式文件发给各科室,进行贯彻学习,并转化为本单位安全生产规章制度修订执行。

3.1.2.3 操作规程和文档管理

白龟山水库管理局对已编制的操作规程经常进行适宜性和可操性评估;同时制定《文件管理制度》《记录管理制度》和《档案管理制度》等,将安全生产目标管理、安全生产责任制管理和安全生产隐患排查治理等资料归入档案,规范管理安全生产资料。

3.1.3 教育培训

3.1.3.1 教育培训管理

白龟山水库管理局制定《安全生产教育培训管理制度》,明确人事科为安全教育培训主管部门,同时明确安全教育培训的对象与内容、组织与管理、检查与考核等要求。

每年年初,人事科对各科室的安全培训需求进行调查,汇总后编制年度培训计划,以正式文件下发各科室,组织或督促相关科室按照计划进行培训,并对培训结果进行评价和评估,建立教育培训记录和档案。

3.1.3.2 人员教育培训

白龟山水库管理局人事科每年组织专业技术人员和各级管理人员进行教育培训,局安全生产领导小组办公室组织安全生产管理人员进行安全管理培训,并取得培训合格证书,同时进行年度换发,确保安全生产管理人员具备安全生产管理能力。

新员工上岗前,特种作业人员及新工艺、新技术、新材料和新设备投入前,均由人事科组织,按照安全培训规定进行专业知识培训。

3.1.4 现场管理

3.1.4.1 设施设备管理

白龟山水库管理局按规定对水库大坝注册登记，并定期进行安全状况评价和安全等级评定，随时掌握工程设施工作状态，白龟山水库在一定控制运用条件下能够安全运行。

土工建筑物外观整齐美观，无缺陷、塌陷，与其他建筑物的连接处无绕渗或渗流量符合规定，导渗沟等附属设施完整，各主要监测量的变化符合有关规定。

圬工建筑物表面无裂缝，无松动、塌陷、隆起、倾斜、错动、渗漏、冻胀等缺陷，基础无冒水冒沙、沉陷等缺陷；防冲设施无冲刷破坏，反滤设施等保持畅通；各主要监测量的变化符合有关规定。

混凝土建筑物表面整洁，无塌陷、变形、脱壳、剥落、露筋、裂缝、破损、冻融破坏等缺陷，伸缩缝填料无流失，附属设施完整，各主要监测量的变化符合有关规定。

启闭机房外观整洁，结构完整，稳定可靠，满足抗震及消防要求，梁、板等主要构件及门窗、排水等附件完好。

启闭机满足运行要求，按规定程序操作；按规定开展了启闭机设备管理等级评定；运行记录规范；闸门表面无明显锈蚀；闸门止水装置密封可靠；闸门行走支承零部件无缺陷，金属结构无变形、裂纹、锈蚀、气蚀、油漆剥落、磨损、振动及焊缝开裂、铆钉或螺栓松动等现象；安全或附属装置运行正常；汛前对泄洪闸门进行了检查和启闭试验。

发电机、变压器、输配电系统、直流系统、继电保护系统、通信系统、自控装置、开关设备、电动机、防雷和接地等设备运行符合有关规定；继电保护及安全自动装置配置符合要求；配电柜（箱）等末级设备运行可靠；各种设备的接地、防雷措施完善、合理，基础稳定。

安全监测、防洪调度、调度通信、警报和水情测报等自动化操控系统运行正常；网络安全防护实施方案和网络安全隔离措施完备、可靠；同时由技术管理科定期对系统网络、硬件进行检查和校验；运行记录规范。

备用柴油发电机的准备、启动、运行符合有关规定，汛前及时进行了维护保养、试车，运行记录规范。

在全局管理范围内，机电设备的检修实行工作票、闸门启闭实行操作票制度，即在作业之前，要对作业现场进行安全风险辨识，然后制订风险管控措施，最后进行安全作业，工作票、操作票制度的实施，有效地规范了作业人员的操作行为，避免了生产安全事故的发生。

新、改、扩建建设项目安全设施均执行"三同时"安全管理制度；临边、沟槽等危险部位的栏杆、盖板等设施齐全、牢固可靠；高处作业等危险作业部位均按规定设置安全网，作业人员正确佩戴安全带；临水和水上作业配有救生圈和救生衣等救生设施。

设备检修均制订检修计划和检修方案，落实各项安全措施；检修质量符合要求；大修工程均有设计、批复文件，工程完工后进行竣工验收，资料齐全；各种检修记录规范。

特种设备按规定进行登记、建档、使用、维护保养、自检、定期检验及报废；检验、维护、检查记录规范；并制订了特种设备事故应急措施和救援预案；建立了特种设备技术档案（包括设计文件、制造单位、产品质量合格证明、使用维护说明等文件及安装技术文件和资料；定期检验和定期自行检查的记录；日常使用状况记录；特种设备及其安全附件、安全保护装置、测量调控装置，以及有关附属仪器仪表的日常维护保养记录；运行故障和事故记录；高耗能特种设备的能效测试报告、能耗状况记录及节能改造技术资料）；安全附件、安全保护装置、安全距离、安全防护措施及与特种设备安全相关的建筑物、附属设施均符合有关规定。

对新购置设施设备按规定进行验收,设施设备安装、拆除及报废均办理审批手续,拆除前制订方案,涉及危险物品的制订处置方案,作业前进行安全技术交底并保存相关资料。

3.1.4.2 作业行为

(1)安全监测:白龟山水库管理局制定了《工程观测管理制度》,每年由水库管理处工程观测股按照规定的观测范围,设置观测项目,布置监测点,严格按照规定的监测频次和精度对大坝进行监测。年终对观测资料进行整编,合格后上报河南省水利厅;同时对工程状态进行评估,提出管理措施和建议。

(2)调度运行:技术管理科具体负责水库防汛及供水调度工作,每年汛前组织工程安全大检查,对各个水文气象、雨量点进行检查调试,确保信息畅通;制订有调度规程、调度制度、汛期调度运用计划和防洪抢险应急预案,并报属地平顶山市人民政府防汛指挥部备案,严格按照省防汛抗旱指挥部办公室调度命令执行。

(3)防洪度汛:汛前经河南省防汛指挥部批准成立了河南省白龟山水库防汛指挥部,按照规定配置了指挥部成员,并明确各岗位职责,及时召开了白龟山水库防汛工作会议,布置了各成员单位防汛任务;防汛办公室编制了年度度汛方案和超标准洪水应急预案,并组织专家进行评审,经省防汛指挥部批复,报地方政府水行政主管部门平顶山市水利局备案。度汛方案中明确了度汛措施,绘制了险工、隐患和转移路线图。

(4)防汛准备:技术管理科组织汛前工程安全大检查,对水工建筑物、机械电气设备、防汛通信系统、信息网络系统、供电系统、防汛车船、防汛物资储备、白蚁防治、消防安全进行了全面、深入、细致的排查,对防洪抢险应急预案等非工程措施进行修订,对检查中发现的问题及时处理,对一时难以处理的问题,采取相应的临时度汛方案。并将检查结果及处置措施上报省水利厅;防汛物资主管部门局财务科按照定额备足了防汛物资，省防汛机动抢险队在汛前对抢险设备进行了试车，并对防汛抢险队伍进行抢险技术培训。为全面做好超标洪水防御工作，提高防汛抢险处置能力，白龟山水库防汛指挥部组建由平顶山市各县、区基干民兵参加的防汛抢险队伍。按照白龟山水库防汛责任书要求落实各自的责任，并要求定领导、定人员、定任务、定工具、定岗位，加强人员防汛抢险技术培训，确保在紧要关头，拉得出、抢得上、守得住。同时，成立了河南省防汛机动抢险队，锻炼防汛抢险队伍业务能力，参加各有关单位组织的年度防汛抢险应急演练。

(5)工程管理：水库管理处、灌溉管理处和水政监察支队定期或不定期对灌区工程、水库大坝及其附属设施工程进行巡查，发现问题及时处理，同时在工程管理和保护范围内设置《水法》《大坝安全管理条例》和《防洪法》等法律、法规类宣传警示标识标牌，防止发生法律、法规规定的禁止性行为，水利工程保护完好。

(6)白龟山水库管理局应制定《安全保卫制度》，由保卫科具体负责全局安全保卫工作，在办公区、大门口、生活区等重要部位设置了安全监控和防盗报警装置，并建立台账，经常进行检查维护；同时对出入办公区外来人员进行登记，确保办公秩序正常。

(7)现场临时用电管理：白龟山水库管理局制定《安全用电管理制度》，内容特别规定了现场临时用电要编制专项方案或制订安全技术措施，并经验收合格方可投入使用。

(8)危险化学品管理：白龟山水库管理局制定《危险化学品安全管理制度》，涉及的危险化学品有小车用汽油、泄洪闸备用柴油、发电机用柴油和用于灭虫的农药，小车用汽油是在市场加油站随用随加，管理局没有储存；泄洪闸备用柴油、发电机用柴油按规定储存，专人管理；灭虫农药用多少买多少，当天用完，没有储存。

(9)交通安全管理：白龟山水库管理局制定《交通安全管理制

度》,公务用车管理办法实行派车单制度,严禁私自用车;定期对车辆进行检查、维修和保养,确保状况良好;同时每年对驾驶员进行一次交通安全培训,杜绝酒驾、醉驾和违规驾驶,严防交通安全事故发生。

(10)消防安全管理:白龟山水库管理局制定《消防安全管理制度》,成立了以局长为组长的消防安全领导小组,全面落实消防安全责任制,并确定局保卫科为消防安全管理机构;保卫科根据有关规定为档案室等重点防火部位和其他场所配备了足够的消火栓和灭火器,并建立台账,经常进行检查、维修、维护;定期对全体职工进行消防安全知识培训并进行初起火灾扑救演练,记录齐全。

(11)仓库管理:白龟山水库管理局制定《仓库安全管理制度》,财务科是局仓库安全管理机构,对防汛抢险物资进行了分类规范管理。仓库配备温湿计、除湿机,各项管理、维护记录齐全规范。

(12)高处作业:白龟山水库管理局高处作业人员均经过体检合格、培训合格取得上岗证书,同时进行了年度培训;作业时有现场监护人员,雨雪天气采取可靠的防护措施,遇恶劣天气停止作业。

(13)起重吊装作业:白龟山水库管理局制定《门式起重机操作规程》,操作人员均经过培训合格取得了特种作业人员上岗证书,作业时严格按照操作规程作业。

(14)水上水下作业:白龟山水库管理局制定《车船操作规程》和应急预案,购买了足够的救生衣、救生圈,作业人员经过培训取得了上岗证书,作业时均持证上岗,按规程操作。

(15)焊接作业:白龟山水库管理局维修工程的焊接作业均实行外包作业,施工前严审施工单位资质和作业人员是否具有上岗证书,签订专门安全生产协议,作业时实行动火审批制度,派专人监管,严格按操作规程和消防安全管理规定作业。

(16)岗位达标:白龟山水库管理局每年年初签订的安全生产目

标责任书中明确了各岗位人员职责,定期开展安全生产和职业卫生教育培训,由各科室班组组织各岗位人员进行作业前的安全风险告知和防护用品的正确使用,学习自救互救知识,切实提高全员安全生产意识。

(17)相关方管理:白龟山水库管理局对年度岁修工程均实行招投标管理,选择技术水平高、业务能力强的施工单位,严查检修施工单位的资质和安全生产许可证,并签订专门安全生产协议,明确双方安全生产责任和义务,在施工中派专人进行有效监督,确保施工安全。

3.1.4.3 职业健康

白龟山水库管理局制定《职业健康安全管理制度》,明确职业危害的监测、评价和控制的职责和要求;每年年初按规定为全体职工发放劳动防护用品;定期对全体职工进行体检,同时对职工食堂经常进行卫生检查,对操作人员定期进行健康检查,确保职工身心健康和饮食安全。通过风险辨识,对作业场所存在的危害及时告知员工;在每次作业前由班组长进行风险危害提醒,提供符合职业健康要求的工作环境和条件,保证了职工作业安全。

3.1.4.4 警示标志

在危险场所、危险部位设置符合国家标准的安全警示标志、标牌,进行危险提示,告知危险的种类、后果及应急措施。同时对标识、标牌进行定期检查维护,确保完好并建立台账。

3.1.5 安全风险管控及隐患排查治理

3.1.5.1 安全风险管控

水库开展了安全风险分级管控和隐患排查治理双重预防机制建设工作,依据水利部的相关规定对水库风险点及危险源重新进行了辨识,同时水库管理局制定了《河南省白龟山水库管理局安全生产风险隐患双重预防体系建设工作方案》。

3.1.5.2 重大危险源辨识和管理

根据《河南省白龟山水库管理局安全生产风险隐患双重预防体系建设工作方案》，白龟山水库管理局对所确定风险点内的危险源进行了全面辨识，同时对重大危险源进行了危险分级。

3.1.5.3 隐患排查治理

白龟山水库管理局制定了《安全检查及隐患排查治理管理制度》，明确了隐患排查治理的责任部门和人员、职责、范围、方法和要求。每年年初编制了年度安全隐患排查治理工作方案，方案规定了排查的具体时间、组织单位、频次、方式等，每次检查完毕均对检查出的隐患进行分析评估，建立台账，能够立即整改的安全隐患，进行立即整改；不能立即整改的安全隐患，对所属单位下发“隐患整改通报”或“安全隐患整改通知书”，并由局安全生产领导小组办公室督促整改，整改完成后由局安全生产领导小组办公室组织验收，合格后下发“安全隐患整改回复报告单”，对隐患进行销号；对需要整改资金多，单位自身无能力整改的隐患，由主管科室编制整改资金计划，上报主管部门批复资金，同时制订应急措施和应急预案，并实行24 h监控，切实做到整改措施、责任、资金、时限和预案“五落实”。

按照水利部对安全生产信息上报要求，单位每月3日或4日对安全隐患和事故发生情况及时通过水利安全生产信息系统进行上报，在接到自然灾害预报时，及时发出预警信息，确保水库安全。

3.1.6 应急管理

3.1.6.1 应急准备

白龟山水库管理局成立“河南省白龟山水库管理局应急管理领导小组”，并由局安全生产领导小组办公室负责应急管理的日常工作，同时建立了应急管理体系和应急组织体系，明确了相关部门的工作职责及联系方式。

白龟山水库管理局制定《河南省白龟山水库管理局安全生产事

故综合应急预案》《河南省白龟山水库管理局防洪抢险专项应急预案》《河南省白龟山水库管理局大坝安全管理专项应急预案》《河南省白龟山水库管理局人身伤亡事故专项应急预案》和《河南省白龟山水库管理局人身伤亡事故现场应急处置方案》等应急预案和现场处置方案,并对《河南省白龟山水库管理局防洪抢险专项应急预案》和《河南省白龟山水库管理局大坝安全管理专项应急预案》及时进行修订和备案。

白龟山水库管理局成立"河南省白龟山水库管理局防汛机动抢险队",根据可能发生的事故种类特点,配备了应急装备,储存了应急物资,对应急物资和抢险设备均建立了台账,定期检查、维护和保养,汛前进行试车,确保设备完好、可靠,各项记录齐全。

为全面落实河南省白龟山水库工程防汛责任,进一步增强防汛意识,切实提高雨季防汛应急处置能力,白龟山水库管理局锻炼应急抢险队伍,定期进行应急演练、水上救护及应急救援工作,演练应达到规范流程、检验预案、锻炼队伍的目的,为防汛抢险队伍应对突发事件积累了实战经验,增强职工的安全防范意识、忧患意识、大局意识,提高内保人员面对突发恐怖事件的应急处突能力和抗击恐怖事件的反应能力,更为确保白龟山水库重点水利工程安全,保障下游广大群众生命财产安全打下了坚实基础。

3.1.6.2　应急处置

白龟山水库管理局对当年发生的应急处置工作进行概述,主要包括应急工作发生的时间、处置方法、处置结果、产生的影响等。

3.1.6.3　应急评估

白龟山水库管理局每年对应急工作进行总结,并将结果上报平顶山市政府应急管理办公室。

3.1.7　事故管理

白龟山水库管理局制定《河南省白龟山水库管理局生产安全事

故报告、调查和处理管理制度》,制度明确了事故报告、事故调查、原因分析、事故处理、预防措施、责任追究、统计与分析等内容,具有较强的可操作性。

3.1.8 持续改进

白龟山水库管理局制定《河南省白龟山水库管理局安全生产标准化绩效评定管理制度》,制度明确了评定的组织、时间、人员、内容与范围、方法与技术、报告与分析等要求。本着"落实责任、强化管理、不断完善、持续改进"的要求,年终对局属各科室、股(班、组)的安全生产绩效进行了评定,对安全生产管理工作目标任务的完成情况,提出了改进意见。

3.2 年度自主评定工作开展

3.2.1 自评工作准备

3.2.1.1 成立自评工作组织机构

白龟山水库管理局成立了以局长为组长、局领导班子成员为副组长、有关科室主要负责人为成员的安全生产标准化年度自评工作领导小组,同时制定了《河南省白龟山水库管理局年度安全生产标准化自评工作方案》,成立了专业自评小组,对各个评审内容进行了人员分工。

3.2.1.2 自评工作内容

自评工作包括目标职责、制度化管理、教育培训、现场管理、安全风险管控及隐患排查治理、应急管理、事故管理和持续改进等8个要素方面的内容。

3.2.1.3 自评对象

自评对象为水管局所属各科室、股(班、组)、管理人员、全体职工。

3.2.1.4　自评时段

上年度为主要时段的有关文件、标准、制度、规程、记录等资料及现场情况。

3.2.1.5　自评的方法

自评的方法是安全检查表(SCL)法。根据《水利工程管理单位安全生产标准化评审标准》形成自评检查表,查阅相关资料、察看现场状况、询问相关人员、必要时做演示,逐条对应检查。

3.2.1.6　自评工作时间

自评工作时间为次年度1月。

3.2.1.7　自评工作首次会议

每年1月初安全生产标准化自评领导小组召开了自评工作首次会议,明确了各项自评思路和各项工作职责,落实了自评工作有关事项。

3.2.2　自评工作的开展

自评专业小组人员对照《水利工程管理单位安全生产标准化评审标准》,完成了自查自评工作,并认真填写了“自评打分表”,对存在的问题,明确了整改措施、责任部门、整改期限,形成《自评检查存在问题、整改措施及整改时限表》。

自评工作结束,安全生产标准化年度自评领导小组召开了自评工作末次会议,自评领导小组办公室汇报了查评情况,安全生产标准化自评领导小组领导对自查自评工作进行了总结,布置了下一阶段的工作任务:明确整改问题、整改措施和责任部门,在限期内认真落实整改。

3.2.3　发现的主要问题、整改计划和措施、整改完成情况

通过自评,可以将发现的主要问题、整改计划和措施、整改完成

情况等用表格的形式进行汇总。表格中主要内容有评审标准编号、发现的主要问题、整改计划和措施、责任部门、责任人、完成时间、整改情况验收、督办人等。

3.3 自主评定结果

通过自评打分，填写单位自评得分总体情况表，具体见表 3-1。根据自主评定结果填写安全生产标准化年度自评结论。有问题的，填写总结问题整改情况。

表 3-1 单位自评得分总体情况表(8 个一级项目)

序号	项目内容	标准分值	合理缺项分值	应得分	扣分	实际得分	得分率	备注
1	目标职责	130						
2	制度化管理	80						
3	教育培训	70						
4	现场管理	470						
5	安全风险管控及隐患排查治理	140						
6	应急管理	50						
7	事故管理	30						
8	持续改进	30						
小计		1 000						

注：安全生产标准化评定得分=实际得分/应得分×100。

第4章　白龟山水库安全隐患排查治理工作方案编写

4.1　指导思想

按照“管行业必须管安全、管业务必须管安全、管生产经营必须管安全”及“谁主管、谁负责”的要求，白龟山水库管理局贯彻落实“安全第一、预防为主、综合治理”的方针，牢固树立“以人为本、安全发展”的工作理念，强化责任，突出重点，查改结合，标本兼治，建立安全生产隐患排查治理长效机制，推进河南省白龟山水库管理局安全生产管理工作再上新台阶。

4.2　工作目标

通过开展安全隐患排查治理活动，进一步落实水库管理局安全生产主体责任，加大安全生产监管力度，全面排查治理水库管理局各个部位存在的安全隐患，建立完善的安全生产管理工作体系，增强每个职工的安全意识和自我防护能力，杜绝各类生产安全事故的发生。

4.3　组织机构

河南省白龟山水库管理局安全生产隐患排查治理工作由局安全生产领导小组组织领导，局安全生产领导小组办公室负责安全生产隐患排查治理的日常组织、协调工作。

4.4 安全隐患排查频次

(1)局级安全检查:以落实岗位安全生产责任制为重点,各科室共同参与的全面检查,每季度一次。

(2)科室安全检查:主要检查部门各级管理人员的职责、现场管理、安全教育、作业证、警示标志及其他情况,每月检查一次。

(3)股(班、组)安全检查:主要检查各岗位人员的岗位职责落实、安全意识、现场作业行为的安全情况,每周检查一次。

(4)特殊作业岗位个人每次上岗前和结束工作前分别检查一次。

(5)节假日安全检查:"元旦""春节""五一""十一"等进行专项安全检查。

(6)汛前、汛中、汛后、其他特殊情况的安全检查。隐患排查频次见表4-1。

4.5 安全检查程序

(1)成立安全检查小组,人员至少3人以上,并确定一名组长和记录员。

(2)制订检查方案。

(3)确定检查目标。

(4)确定检查时间。

(5)确定检查范围。

(6)按照检查方案实施检查。

(7)对检查出的不能及时整改的隐患,下发"安全隐患整改通知书",由局安全生产领导小组办公室进行督促整改。

(8)对隐患进行分析评价,确定隐患等级,建立隐患台账(包括

表 4-1　隐患排查频次

序号	排查类型	排查时间	排查目的	排查要求	排查范围	组织级别	排查人员	备注
1	经常性隐患排查	定期、不定期巡查	及时发现和消除日常的事故隐患，确保安全	按照隐患排查清单进行检查和巡查	对所分管或负责的区域、设备、安全设施等进行全面检查	科室、股（班、组）岗位职工	科长、班组、具体岗位人员	
2	综合性隐患排查	3月、6月、9月、12月	通过全面排查，发现和消除各类事故隐患，确保单位安全	按照隐患排查清单进行检查和巡查	对各级安全生产责任制、各项专业管理制度和安全生产管理制度落实情况为重点，进行全面排查	局安全生产领导小组办公室	局领导、局安全生产领导小组办公室工作人员	
3	专项隐患排查（汛期检查）	3月、7月、10月、	及时发现和消除隐患，确保度汛安全	按照隐患排查清单进行检查和巡查	水工建筑物、设备设施、消防安全及防汛抢险应急预案等非工程措施	技术管理科	局领导、技术管理科及局属相关科室	
4	季节性隐患排查	春季、夏季、秋季、冬季、	防范和消除春季、夏季、秋季、冬季可能造成的各类隐患，确保四季生产安全	按照隐患排查清单进行检查和巡查	对所属区域内的设备、设施、人员等进行全面检查	局安全生产领导小组办公室	单位主要负责人、分管领导、局安全生产领导小组办公室工作人员	

续表 4-1

序号	排查类型	排查时间	排查目的	排查要求	排查范围	组织级别	排查人员	备注
5	重大活动及节假日前隐患排查	元旦前、春节前、“五一”前、国庆节前	防范重大活动及节假日可能造成的各类隐患，确保节假日安全	按照隐患排查清单进行检查和巡查	对所属区域内的设备、设施、人员等进行全面检查	局安全生产领导小组办公室	单位主要负责人、分管领导、局安全生产领导小组办公室工作人员	
6	事故类比专项检查	即时	确保作业活动和水库（水闸）工程运行安全	水库（水闸）工程运行管理及同类水库（水闸）工程运行管理发生事故后进行针对性安全状况专项检查	对所属区域内的设备、设施、人员等进行全面检查	局安全生产领导小组办公室	单位主要负责人、分管领导、局安全生产领导小组办公室工作人员及相关科室负责人	

相关方排查的隐患)。

(9)对检查情况进行总结评估,并把检查结果反馈相关科室。

4.6　安全检查内容

白龟山水库管理局开展以查思想、查管理、查制度、查安全生产责任制执行情况、查安全教育、培训情况、查危险源管理、查现场安全检查、查应急预案及演练情况、查外来施工单位安全管理情况、查隐患整改落实情况、查事故报告及处理等为中心的安全检查。

4.6.1　查思想

白龟山水库管理局检查各科室负责人和职工对安全生产的思想认识,是否把安全生产工作摆上议事日程,是否贯彻落实"安全第一、预防为主、综合治理"的思想。

4.6.2　查管理、查制度、查安全生产责任制执行情况

(1)查安全生产责任制执行情况。各科室在各自业务范围内是否对安全生产负责;能否认真履行安全生产责任制。

(2)查安全检查制度,是否定期开展安全检查,并有检查记录和查出问题整改单。

(3)查安全规章制度是否完善,包括制定的安全生产管理、考核、现场作业、危险源、危险场所安全监控、安全规章制度的执行情况。

(4)危险作业审批程序是否完善。

(5)各项安全管理是否符合国家法律法规要求。

4.6.3　查安全教育、培训情况

(1)查职工安全教育培训制度落实情况。是否建立了职工安全

教育培训制度,安全教育培训工作能否做到有计划、有落实、有考核、有档案。

(2)科室每月、班组每周是否对员工进行安全教育培训,各工种的操作规程和岗位培训情况,以记录为准。

(3)查特种作业人员相应的培训计划和考核制度、特种作业人员持证上岗情况。

4.6.4 查危险源管理

查危险源管理:是否按照风险分级管控清单,层层落实管控。

4.6.5 查现场安全检查

4.6.5.1 水库工程运行

(1)工程安全状况。现场查看水库大坝、水闸及其启闭设备、软硬结合部是否正常,是否存在渗漏现象,渗漏是否正常,各种监测设施设备运行是否正常运行,工程总体形象面貌是否完整、完好,水库运行是否存在安全隐患等。

(2)安全责任制及其他制度落实情况。水库工程管理安全责任制是否落实,水库管理和看护人员是否按要求配备,监测巡查制度是否落实,是否编制应急预案并进行演练,各类人员安全教育培训是否落实,泄洪闸等值班值守人员有无空岗、漏岗、顶岗现象等。

4.6.5.2 灌区工程运行

(1)工程安全状况。现场查看渠道及建筑物、启闭设备、软硬结合部是否正常,有无影响工程安全的裂缝、坍塌、暗洞等,闸门启闭设施是否正常运行,是否按维修规程保养维护。对张庄退水闸隐患的监测是否正常进行,有无应急措施。

(2)安全责任制及其他制度落实情况。安全生产责任制是否落实,渠道管理和看护人员是否按要求配备,监测巡查制度是否落实,是否编制应急预案并进行演练,各类人员安全教育培训是否落实,闸门值班值守人员有无空岗、漏岗、顶岗现象，值班是否有记录等。

4.6.5.3　车辆安全、用电安全、职工食堂食品安全状况

(1)对局属车辆是否经常进行安全检查和维护，有无影响安全的“病车”、喝酒驾车的现象，是否经常对驾驶人员进行安全教育和培训等。

(2)对全局高低压线路和用电设施是否经常进行安全检查和维护，有无私拉乱接用电现象，安全用电管理制度是否落实等。

(3)职工食堂食品安全情况。是否经常进行食品安全检查，是否从源头上对食品安全进行控制等。

4.6.5.4　船只(码头)安全

防汛抢险船只是否经常进行维修维护，是否对有关人员进行水上作业安全教育和培训，船只(码头)是否存在安全隐患等。

4.6.5.5　门式起重机

查门式起重机安全运行情况，特种设备是否建立技术档案，并有完整的操作规程、安全管理制度和维修保养制度。

4.6.5.6　消防安全和内部保卫

现场检查消防设施设备管理维护状况，是否有损坏、过期等影响正常使用的情况，消防通道是否畅通等。

内部安全保卫制度是否落实，是否经常进行巡逻检查，监控设施是否正常运行，对外来人员是否登记等。

4.6.5.7　工程施工现场安全检查

工程施工现场安全检查指水库和灌区年度岁修工程施工现场，主要检查是否贯彻落实《河南省水利工程建设现场管理规定》，施工现场安全生产责任制的建立和落实，施工现场安全状况，现场操作人员是否正确配备佩戴安全保护用品(具)，是否存在安全隐患，是否对现场作业人员进行安全教育和培训，是否与施工单位签订安全生产协议书等。

4.6.5.8　汛期安全检查

为加强汛期安全生产工作，杜绝安全生产隐患，确保水库安全度汛，除正常的汛前、汛中、汛后工程大检查外，在大风、大雨、暴雨等恶劣天气到来前和结束后，还要增加工程安全检查次数，确保把安全隐患消灭于萌芽状态。

4.6.5.9　节假日安全检查

节假日安全检查主要是节前对用电、内部保卫、消防、生产设施设备、应急预案等进行的检查，特别是检查节日值班、值守、排班情况。

4.6.5.10　季节性安全检查

季节性安全检查主要是根据气候变化的特点，由相关科室人员参加的，对防火、防汛、防雷电、防暑降温等进行预防性季节检查。

4.6.6　查应急预案及演练情况

有无应急预案演练计划，并按应急预案定期演练，有演练方案、有记录、演练效果评估分析。

4.6.7　查外来施工单位安全管理情况

(1)建设单位是否将工程项目承包给不具备安全生产条件或相应资质的单位或个人公司。

(2)发包单位是否与承包方或租赁单位签订专门的安全生产管理协议，是否对其安全生产工作统一协调、监督、指导、查处事故隐患，及时消除隐患。

(3)对起重设备等特种设备维修、安装时，外来施工单位是否具有安全资质。

(4)外来施工单位进入施工现场，是否遵守单位有关安全生产管理规定。

4.6.8　查隐患整改落实情况

(1)能否做到有隐患整改台账、隐患整改措施,明确责任人,整改实施有计划、有控制、有记录。

(2)对查出的安全隐患,下发《隐患整改通知单》,经局安全生产领导小组办公室签署后发出,隐患所在科室负责人签收并负责按要求期限整改,通知单和回复报告单要存档、备查。

4.6.9　查事故报告及处理

如发生事故,是否在规定时间内上报并按"四不放过"原则进行处理。

4.7　工作要求

(1)加强组织领导,切实落实主体责任。各责任单位及相关人员要高度重视,认真组织,周密部署,积极开展隐患排查治理工作,为隐患排查治理工作提供必要的人力、资金和技术装备保障,切实把安全隐患消灭在萌芽状态。

(2)密切配合,形成合力。各科室要密切配合、相互协调、工作联动,形成隐患排查治理的合力。按照本方案要求,结合本科室工作实际,突出工作重点,扎实有效地开展隐患排查治理工作。

(3)规范整理安全隐患排查治理资料。按照隐患排查治理信息统计的要求,对检查出的安全隐患,要建立台账,制作"安全隐患整改通知书",下发隐患整改单位,隐患整改完成后,制作"安全隐患整改回复报告单",确保安全隐患整改"闭合"管理。隐患排查登记台账中主要填写内容为检查地点、存在问题、采取措施、排查时间、整改时间、整改情况、未整改原因、责任班组、责任人、备注等。

(4)及时总结,构建安全隐患排查治理长效机制。各责任科室要边排查治理,边总结经验,完善规章制度,提高隐患排查工作的科学性、系统性、有效性,构建长效机制。

第 5 章　白龟山水库安全生产管理制度

5.1　安全生产目标管理制度

5.1.1　范围

本制度规定了河南省白龟山水库管理局安全生产目标的制订、分解、实施和考核等要求。

本制度适用于河南省白龟山水库管理局的安全生产目标管理。

5.1.2　规范性引用文件

下列文件对于本文件的应用是必不可少的。凡是注日期的引用文件,仅所注日期的版本适用于本文件。凡是不注日期的引用文件,其最新版本(包括所有的修改单)适用于本文件。

《安全生产考核奖惩管理制度》(HN. BGS. SGJ - 212. 026—2021)

5.1.3　术语和定义

下列术语和定义适用于本文件。

5.1.3.1　目标管理

目标管理是以目标为导向,以人为中心,以成果为标准,而使组织和个人取得最佳业绩的现代管理方法。

5.1.3.2　安全生产目标任务责任书

安全生产目标任务责任书是为强化安全意识,深入落实安全责任,提高遵章守纪的自觉性,履行岗位安全职责,确保安全生产,下级向上级提出的书面承诺。

5.1.4 职责

5.1.4.1 安全生产领导小组

(1)审议通过管理局安全生产总目标及年度目标,并对安全生产目标进行分解。

(2)审议通过管理局年度安全生产目标完成效果考核奖惩情况。

5.1.4.2 局长

(1)与上级主管部门签订局安全生产目标任务责任书。

(2)与白龟山水库管理局属各科室签订安全生产目标任务责任书。

(3)组织制订管理局安全生产总目标、年度安全生产目标和年度安全生产工作要点、年度安全生产目标考核内容。

(4)签批管理局安全生产总目标与年度安全生产目标、年度安全生产工作要点、年度安全生产目标考核内容。

5.1.4.3 分管安全生产领导

(1)审核各科室年度安全生产工作计划。

(2)与分管科室签订安全生产目标任务责任书。

(3)组织安全生产目标完成情况的监督检查。

(4)组织安全生产目标完成情况的年度考核奖惩工作。

5.1.4.4 其他分管领导

(1)审核分管科室年度安全生产工作计划。

(2)与分管科室签订安全生产目标任务责任书。

5.1.4.5 局安全生产领导小组办公室

(1)汇总各科室的安全生产目标(指标),编制管理局年度安全生产目标。

(2)校核各科室年度安全生产工作计划。

(3)督促各科室安全生产目标任务责任书的签订工作。

(4)检查安全生产目标执行情况,及时纠偏、调整安全生产目标实施计划。

(5)年终参与安全生产目标的完成效果的考核奖惩工作。

(6)建立管理局各类安全生产目标的管理档案。

5.1.4.6　工会

(1)依法组织职工参加管理局安全生产工作的民主管理和民主监督,维护职工在安全生产方面的合法权益。

(2)管理局制定或者修改有关安全生产的规章制度,应听取工会意见。

5.1.4.7　其他各科室

(1)制订本科室年度安全生产工作计划和班组安全生产目标任务责任书。

(2)与分管领导、单位主要负责人签订本科室安全生产目标任务责任书。

(3)与班组签订班组安全生产目标任务责任书。

(4)检查本科室及所属班组安全生产目标执行情况,及时纠偏、调整安全生产目标实施计划。

(5)建立科室安全生产目标管理档案。

5.1.5　管理活动的内容与方法

5.1.5.1　安全生产目标(指标)分级

(1)管理局安全生产总目标及年度目标。

(2)科室安全生产目标(指标)。

(3)股(班、组)安全生产目标(指标)。

(4)各岗位人员安全生产目标(指标)。

5.1.5.2 安全生产目标制定

1. 安全生产目标制定的原则

(1)持续改进安全生产技术和管理,促进作业安全,减少安全责任事故。

(2)追求最大限度不发生事故,不损害人身健康,不破坏环境。

(3)最大限度地维护本单位、员工及人民群众生命财产安全和社会公共利益。

2. 安全生产目标制定的要求

(1)安全生产目标应具有先进性、明确性、可实现性、相关性,并保持持续改进。

(2)管理局、各科室、各股(班、组)的安全生产目标(指标)应包括人员、机械、设备、交通、火灾、用电、安全生产隐患治理及安全生产管理目标。

(3)管理局各级机构应根据管理范围建立可量化、可检查的目标值。

(4)各科室、股(班、组)应根据管理局的安全生产总目标和年度目标(指标)及本科室、股(班、组)的安全生产管理职能,分解上一级安全生产目标,并制订分级目标和控制目标(指标),各岗位人员根据股(班、组)安全生产目标分解个人目标任务。

(5)各级安全生产目标管理责任书中应明确完成目标所应采取的措施和双方的责任。

3. 安全生产目标制定的方法

局安全生产领导小组办公室根据上级下达的安全生产目标任务(指标)、管理局的安全生产工作规划、上一年度的安全生产目标完成情况,制订管理局本年度安全生产工作计划,由分管安全生产副局长审核,提交管理局安全生产领导小组讨论通过,局长批准后,以文件的形式发布。

5.1.5.3　安全生产目标分解

1. 科室安全生产目标

每年年初,局安全生产领导小组办公室根据管理局年度安全生产总目标、年度安全生产工作计划、各科室所管业务工作,分解、制订各科室年度安全生产目标任务,并征求各科室意见后,交分管安全生产副局长审核。

2. 股(班、组)安全生产目标

股(班、组)年度安全生产目标和任务,由科室根据科室目标任务和股(班、组)业务工作分解制订。

3. 岗位人员安全生产目标

岗位人员年度安全生产目标和任务,由股(班、组)根据股(班、组)年度安全生产目标任务及个人岗位业务分解制订。

5.1.5.4　安全生产目标任务责任书的签订

1. 安全生产目标任务责任书的内容

安全生产目标任务责任书内容包括:

(1)安全生产的目标和任务;

(2)签订安全生产目标任务责任书双方的义务和责任;

(3)完成安全生产目标任务采取的措施和应履行的职责。

2. 安全生产目标任务责任书的签订时间

每年的年初为安全生产目标责任书的签订时间。

3. 安全生产目标任务责任书的签订

(1)安全生产目标任务责任书的格式。

局安全生产领导小组办公室制订安全生产目标任务责任书的格式,由分管安全生产的副局长批准实施。

(2)管理局安全生产目标任务责任书。

管理局安全生产目标任务责任书由局长与属地市级人民政府或上级主管部门签订,具体按照属地市级人民政府要求执行。

(3)科室安全生产目标任务责任书。

科室安全生产目标任务责任书由科室主要负责人与局长、主管副局长签订，共三份，科室主管副局长、局安全生产领导小组办公室、科室各保存一份。

(4)股(班、组)安全生产目标任务责任书。

股(班、组)安全生产目标任务责任书由股(班、组)负责人与科室主要负责人签订，共三份，科室、股(班、组)、局安全生产领导小组办公室各保存一份。

(5)岗位人员安全生产目标任务责任书。

岗位人员安全生产目标任务责任书由岗位人员与股(班、组)负责人签订，共三份，股(班、组)、个人、局安全生产领导小组办公室各保存一份。

5.1.5.5 安全生产目标的监控

(1)局安全生产领导小组办公室组织对各科室的安全生产目标执行情况进行监督、检查，对发现的各类问题，督促整改。

(2)局安全生产领导小组办公室结合开展的定期安全生产检查、不定期安全生产检查及专项安全生产检查，对各科室年度安全工作计划执行情况进行检查，对保证措施的效果进行评估，实现对安全生产目标落实情况的跟踪检查和监督。检查必须覆盖每个科室和股(班、组)，并记入安全检查记录，记录应明确安全生产目标完成情况。

(3)各科室安全员对本科室安全工作计划执行情况进行自查自纠，并填写“月、季、年度完成目标情况报表”，按要求上报局安全生产领导小组办公室。

5.1.5.6 安全生产目标的调整

(1)管理局安全生产领导小组在评估、考核或发生不可预见的情况后，发现目标与当前实际情况不符合时，应对目标及实施计划进行及时调整，确保安全生产目标能正确指导安全生产管理工作。

(2)管理局制订的年度安全生产工作计划应根据实际情况及时进行动态调整,并填写“安全保证措施动态调整表”,经分管安全生产副局长审核,报局长批准。

(3)各科室制订的安全生产工作计划应根据实际情况及时进行动态调整,并填写“安全保证措施动态调整表”,经局安全生产领导小组办公室审核,报分管安全生产副局长批准。

(4)各股(班、组)制订的安全工作计划应根据实际情况及时进行动态调整,并填写“安全保证措施动态调整表”,经科室主要负责人审核,报分管局长批准。

(5)管理局、各科室、各班组的安全工作计划调整后,应以文件的形式重新发布。

5.1.5.7　安全生产目标的考核

(1)局安全生产领导小组办公室每年最后一个月下旬对各科室年度安全生产目标执行情况进行考核并形成书面考评报告。

(2)根据考评报告,按照《安全生产考核奖惩制度》对各科室、各班组提出奖惩建议,提交局安全生产领导小组审议后兑现奖惩。

(3)考核的结果通过文件形式发布。

(4)局安全生产领导小组办公室负责对考核、奖惩情况进行记录并归档。

5.1.6　检查与考核

表 5-1 给出了检查与考核的示例。

表 5-1　检查与考核

序号	考核内容	考核标准	被考核人/岗位	考核部门

5.1.7 报告与记录

表 5-2 给出了执行本制度形成的报告与记录示例。

表 5-2 报告与记录

序号	编号	名称	填写单位/岗位	保存地点	保存期限
1	JL-212.001-01	年度安全生产目标和保证措施报表	局安全生产领导小组办公室	局安全生产领导小组办公室	3 年
2	JL-212.001-02	月、季、年度完成目标情况报表	局安全生产领导小组办公室	局安全生产领导小组办公室	3 年
3	JL-212.001-03	安全保证措施动态调整表	局安全生产领导小组办公室	局安全生产领导小组办公室	3 年

5.2 安全生产责任制管理制度

5.2.1 范围

本制度规定了河南省白龟山水库管理局所属各单位及人员的安全生产职责、安全生产责任制的制定、责任书签订、执行、检查、评审、修订、检查与考核、报告与记录等要求。

本制度适用于河南省白龟山水库管理局的安全生产责任制管理。

5.2.2 规范性引用文件

下列文件对于本文件的应用是必不可少的。凡是注日期的引用文件,仅所注日期的版本适用于本文件。凡是不注日期的引用文件,其最新版本(包括所有的修改单)适用于本文件。

《中华人民共和国安全生产法》

《河南省安全生产条例》

《水利工程管理单位安全生产标准化评审标准》

5.2.3　术语和定义

下列术语和定义适用于本文件。

5.2.3.1　安全生产责任制

安全生产责任制是根据“管行业必须管安全、管业务必须管安全、管生产经营必须管安全”的原则，综合各种安全生产管理、安全操作制度，对企业各级领导、各职能部门、有关工程技术人员和生产工人在生产中应负的安全责任，作出的明确规定，企业的各级领导、职能部门和在一定岗位上的劳动者个人对安全生产工作应负责任的一种制度，也是企业的一项基本管理制度。

5.2.3.2　安全生产目标任务责任书

各级各单位或个人互相签订的安全生产目标任务及安全生产职责。

5.2.4　安全生产责任制

5.2.4.1　局安全生产领导小组

(1)贯彻执行国家、河南省和省水利厅关于安全生产的方针政策、法律、法规、规程规范，研究部署、指导协调、检查督促全局安全生产工作。

(2)分析全局安全生产形势，根据国家和省有关安全生产工作要求，研究提出符合本局实际的安全生产工作指导意见。

(3)制订安全生产工作目标任务和规章制度。

(4)按照《安全生产例会管理制度》要求，及时召开会议，研究解决安全生产工作中存在的问题。

(5)指导和组织协调全局安全生产事故调查处理和应急救援工作。

(6)完成省水利厅和平顶山市人民政府安全生产委员会交办的

有关安全生产工作。

5.2.4.2　局安全生产领导小组办公室

(1)学习宣传和贯彻落实国家、河南省、平顶山市有关安全生产工作的方针政策、法律、法规和工作部署,向成员科室单位通报全局安全生产形势和传达河南省、省水利厅、平顶山市领导有关安全生产工作指示。

(2)研究提出全局安全生产总目标、年度目标任务、年度工作要点、措施和建议。

(3)协助领导召集召开局安全生产领导小组会议,并做好记录。

(4)协助领导做好安全生产责任制的落实、安全生产目标分解和安全生产目标任务责任书的签订工作。

(5)组织开展全局安全生产大检查,督促检查各科室进行隐患排查治理,对发现的问题下发"隐患整改通知书",并进行整改落实。

(6)组织开展"安全生产月"等安全生产活动,并督促各科室积极参加。

(7)组织开展安全生产标准化年度自评工作。

(8)对局属各科室进行年度安全生产考核。

(9)做好安全生产资料的归档工作。

(10)承办安全生产领导小组交办的其他事项。

5.2.4.3　局安全生产领导小组成员科室

1.通用责任制

(1)学习贯彻落实国家、省、市有关安全生产工作的方针政策、法律、法规和工作部署,全面落实安全生产责任制,深化安全隐患排查治理,有效地防范和遏制生产安全事故的发生。

(2)坚持安全生产例会制度,每月至少召开一次安全生产会议,研究、解决本科室安全生产中存在的问题。

(3)每月至少进行一次安全隐患排查,确保各个部位安全生产。

(4)积极组织或参加安全生产教育与培训,切实提高全员安全生产意识。

(5)按时签订年度安全生产目标任务责任书。

(6)组织或参与安全生产规章制度、应急预案和处置方案、操作规程的修订工作。

(7)积极参加安全生产各项活动,并以活动为契机,促使其他各项工作的开展。

(8)积极参加安全生产标准化年度自评工作,按时提交各种自评资料。

(9)配合局安全生产领导小组办公室做好安全生产年度考核工作。

(10)积极配合或参加相关科室组织的安全生产培训和演练工作。

2. 专用责任制

1)技术管理科

(1)做好所管工程的施工安全监管工作,严格审查监理、施工单位的资质和安全生产许可证,在发包合同中明确安全要求,同时签订安全生产协议。

(2)按照《中华人民共和国防洪法》《中华人民共和国防汛条例》要求制订防洪调度方案、防洪预案、防汛责任制、防汛值班制度、汛情预警预报制度,确保水库度汛安全。

(3)组织汛前、汛中和汛后工程安全大检查,检查率 100%。

(4)组织完成《防洪抢险专项应急预案》的年度修订工作,并报有关部门批复和备案。

(5)经常对所管数字局域网络、通信网络等进行安全巡查,发现问题,及时报告并处理,对不能及时处理的问题,严密监控,并制订应急措施和整改意见,上报分管领导审批处理。

2) 工程管理科

(1) 做好所管工程的施工安全监管工作,严格审查监理、施工单位的资质和安全生产许可证,在发包合同中明确安全要求,同时签订安全生产协议。

(2) 做好局安全生产领导小组办公室日常工作,按时召集安全生产领导小组例会,组织开展安全生产大检查,对工程、车辆、用电、消防和职工食堂等部位进行监督检查,对检查发现的问题及时向相关科室下发"安全隐患整改通知书",并督促整改落实。

(3) 按照有关规定认真审核有关科室所报工程计划与预算,做到合法、合规、合理、经济、实用、美观。

(4) 加强工程建设管理,严格按照工程项目建设管理程序,同时加强工程质量监督管理,确保工程建设质量。

3) 水库管理处

(1) 做好所管工程的施工安全监管工作,严格审查工程监理、施工单位的资质和安全生产许可证,在发包合同中明确安全要求,同时签订安全生产协议。

(2) 做好水库大坝岁修养护施工质量的监管工作,按照规范要求经常对附属设施、输泄水建筑物、闸门机电设备进行日常检查和维护,发现问题及时处理。

(3) 经常对大坝及其附属设施进行安全巡查,确保消防安全和用电安全。

(4) 组织实施大坝白蚁隐患治理工作。

(5) 对泄洪闸门式起重机建立特种设备技术档案,年检资料齐全。

(6) 对泄洪闸备用柴油发电机经常进行维护,确保运行正常。

(7) 按照要求对观测资料进行分析整理,及时上报。

4) 灌溉管理处

(1) 做好所管工程的施工安全监管工作,严格审查工程监理、施工单位的资质和安全生产许可证，在发包合同中明确安全要求，同时签订安全生产协议。

(2)经常对灌区渠道和建筑物进行安全巡查，发现问题及隐患，及时报告，迅速处理，对不能及时处理的问题，严密监控，并制订应急措施和整改意见，及时上报处理。

(3)加强对办公院内的安全管理，经常进行车辆安全、用电安全、消防安全检查，强化安全隐患排查治理，把事故苗头消灭在萌芽状态。

(4)加强对灌区各闸的安全管理，经常进行用电安全、防火和防盗安全、人身安全检查，发现问题及时解决。

(5)加强对北干渠危桥、险桥的监控，及时设置警示标志标识，确保安全。

(6)加强对北干渠张庄退水闸闸房和下游海漫隐患的 24 h 监控，并做好记录，同时积极协调有关部门落实除险加固方案，解除隐患。

5)省防汛机动抢险队

(1)做好所管工程的施工安全监管工作，严格审查所管工程的监理、施工单位的资质和安全生产许可证，在发包合同中明确安全要求，同时签订安全生产协议。

(2)经常组织本科室人员进行安全隐患排查，发现问题，及时报告并迅速处理，对不能及时处理的问题，严密监控，并制订应急措施和整改意见，及时上报处理。

(3)加强对防汛车船、抢险设备等设备设施的安全管理，经常检查维护，确保处于正常状态。

(4)定期进行防汛抢险技术培训，按照有关部门要求组织抢险演练，熟练掌握防汛抢险技能，提高抢险人员实战能力。

(5)抓好卫生所安全行医工作，防范医疗事故发生。

6)行政办公室

(1)做好所管工程的施工安全监管工作,严格审查基建工程的监理、施工单位的资质和安全生产许可证,在发包合同中明确安全要求,同时签订安全生产协议。

(2)经常组织本科室人员进行安全隐患排查,对车辆、用电、招待所、职工食堂及档案等部位进行重点检查,确保各个部位安全,发现问题,及时报告并迅速处理,对不能及时处理的问题,严密监控,并制订应急措施和整改意见,及时上报处理。

(3)做好档案资料保管工作,确保各种资料保管安全。

(4)做好信访工作,保证局办公秩序稳定。

(5)经常对局高低压线路进行巡查,发现问题及时处理。

(6)经常对办公室区内用电设施进行检查,严禁使用大功率电器,严禁私拉乱接电线,违反规定者依照水库管理局相关制度处理。

(7)做好车辆维护保养工作,确保办公车辆处于正常工作状态。

(8)加强职工食堂卫生管理,保证职工饮食安全。

7)财务科

(1)严格按照定额配备各种防汛物资,做好各种料物的领用登记工作。

(2)做好防汛料物仓库的防火、防盗、用电安全和安全保卫工作。

(3)经常组织本科室人员进行安全隐患排查,对财务主机及档案室等部位进行重点检查,确保财务档案和资金安全,发现问题及隐患,及时报告并迅速处理。

(4)保证安全生产专项经费落实和专款专用。

8)经营管理科

(1)经常组织本科室人员进行安全隐患排查,重点对局出租门面房、科室车辆、办公用电设施进行安全检查,发现问题和隐患,及时报告并迅速处理,对不能及时处理的问题,严密监控,并制订应急措施和整改意见,及时上报。

(2)对外出计量人员经常进行安全教育,增强自身安全防范能力。

(3)在有关科室的配合下完成水费征收任务。

9)保卫科

(1)经常组织本科室人员进行安全隐患排查,确保消防设施设备、监控设施设备运行正常。

(2)做好局办公楼的安全保卫工作,坚持来客登记制度。

(3)负责全局范围内消防安全工作。

(4)负责全局范围内消防设施设备及监控报警设施设备的检查、维护、更新工作,保证相关设备正常运行。

(5)负责全局消防安全宣传教育和培训。

(6)不断完善局消防安全专项应急预案,并组织演练。

10)水政监察支队

(1)督促全体队员认真学习各项法律法规和水政执法程序,确保文明执法、正确执法、科学执法。

(2)依法打击各类水事违法行为,维持水库和灌区正常的水事秩序。

(3)经常组织本科室人员进行安全隐患排查,包括用电和消防安全。

(4)负责执法车辆的正常维护保养工作,确保运行安全。

11)工会

(1)依法组织职工参加本单位安全生产工作的民主管理和民主监督,维护职工在安全生产方面的合法权益。

(2)充分利用《工会信息》、板报、广播等媒体,配合局安全生产领导小组办公室做好安全生产宣传教育工作。

(3)参与安全生产事故的调查处理工作。

(4)对局工伤事故处理及其他工作进行监督。

12)党委办公室

(1)配合有关科室做好党的安全生产政策、法律、法规的宣传工作。

(2)做好局精神文明建设和安全生产文化建设工作。

13)人事科

(1)制订年度安全生产培训计划,报分管领导审批,并督促实施。

(2)按时发放职工劳动保护用品,并监督按照规定正确佩戴、使用。

(3)做好人事档案的安全保管工作。

(4)做好职工职业健康安全和工伤保险工作。

14)离退休职工管理科

(1)组织本科室人员对科室办公环境每月至少进行一次安全隐患排查,及时消除隐患。

(2)对各种安全设施经常进行检查,发现问题及时协调有关科室解决。

(3)负责离退休职工的管理工作。

5.2.4.4 专管人员

1.局长

(1)贯彻执行国家、省、市安全生产方针政策、法律、法规和工作部署,把安全生产工作列入重要议事日程,组织召开安全生产工作会议,签发有关安全生产工作的重大决定,对局安全生产工作负全面责任。

(2)建立健全并落实本单位全员安全生产责任制,加强安全生产标准化建设。

(3)组织制订并实施本单位安全生产规章制度和操作规程。

(4)组织制订并实施本单位安全生产教育和培训计划。

(5)保证本单位安全生产投入的有效实施。

(6)组织建立并落实安全风险分级管控和隐患排查治理双重预防工作机制,督促、检查本单位的安全生产工作,及时消除生产安全事故隐患。

(7)组织制订并实施本单位的生产安全事故应急救援预案。

(8)及时、如实报告生产安全事故。

(9)按照管理局隐患排查计划(每季度/次)组织开展管理局重大风险点的隐患排查工作。

2. 安全生产领导小组副组长(分管安全生产局领导)

(1)贯彻执行国家、省、市安全生产方针政策、法律、法规和工作部署,把安全生产工作列入重要议事日程,对水库管理局安全生产工作负具体领导责任。

(2)组织拟订管理局安全生产规章制度、操作规程和生产安全事故应急救援预案。

(3)组织管理局安全生产教育和培训。

(4)组织开展危险源辨识和评估,督促落实管理局重大危险源的安全管理措施。

(5)组织管理局应急救援演练。

(6)检查管理局的安全生产状况,及时排查生产安全事故隐患,提出改进安全生产管理的建议。

(7)制止和纠正违章指挥、强令冒险作业、违反操作规程的行为。

(8)督促落实本单位安全生产整改措施。

(9)按照管理局隐患排查计划(每季度/次)组织开展分管科室存在重大风险点、较大风险点的隐患排查工作。

3. 局安全生产领导小组副组长(党委书记、纪检书记)

(1)贯彻执行国家、省、市安全生产方针政策、法律、法规和工作部署,把安全生产工作列入重要议事日程,对各自所分管的科室范围内的安全生产工作负相应的领导责任。

(2)督促分管科室的安全生产管理工作,根据分管科室工作实际,审核制订分管科室的规章制度和应急预案,并督促科室对应急预案进行演练。

(3)督促分管科室对职工进行安全生产教育和培训,落实"三级安全教育"和特种作业人员持证上岗制度。

(4)根据工作实际,督促分管科室定期组织安全生产大检查,及时研究解决影响正常生产、工作和生活安全的重大突出问题,并责令落实整改措施,把各类事故苗头消灭在萌芽状态。

(5)发生事故时,及时赶赴现场,组织施救,协助相关部门和单位做好事故调查及善后处理。

(6)与所分管科室签订安全生产目标任务责任书。

(7)按照管理局隐患排查计划(每季度/次)组织开展分管科室存在重大风险点、较大风险点的隐患排查工作。

4.技术负责人(总工程师)

(1)组织开展安全生产技术研究工作,督促全局积极采用先进技术和安全防护装置。

(2)组织研究重大事故隐患的整改技术方案。

(3)审核局有关安全技术规程和安全技术措施项目,保证技术上切实可行。

(4)组织实施新项目及技术改造项目,做到安全设施同时设计、同时施工和同时投入生产和使用。

5.科室主要负责人

(1)对本科室安全生产工作负全面责任。

(2)贯彻执行国家安全生产方针、政策、法律、法规和局各项安全生产规章制度,经常对职工进行安全生产教育和培训,不断提高科室职工的安全生产素质。

(3)根据本科室工作实际,组织制订科室有关安全生产的规章制度和操作规程,并根据情况变化逐年修订。

(4)组织或参加有关科室的应急预案演练。

(5)督促教育职工合理使用劳动保护用品,增强自身防护能力。

(6)组织开展科室安全生产大检查,强化安全隐患排查治理,发现不安全因素及时组织消除。

(7)发生事故时按照有关规定立即报告,第一时间到达现场,组织救护,并按要求做好善后处理工作。

(8)与局和所属股(班、组)签订安全生产目标任务责任书。

(9)按照管理局隐患排查计划(每月/次)组织开展科室存在重大风险点、较大风险点、一般风险点的隐患排查工作。

6. 局专职安全员

(1)学习宣传国家、省、市关于安全生产工作的方针政策、法律、法规,通报全局安全生产形势,传达局有关安全生产工作部署。

(2)参与拟订本单位安全生产规章制度、操作规程和生产安全事故应急救援预案。

(3)参与本单位安全生产教育和培训,如实记录安全生产教育和培训情况。

(4)参与危险源辨识和评估。

(5)参与本单位应急救援演练。

(6)协助局安全生产领导小组办公室主任研究提出全局安全生产计划、目标、措施和建议。

(7)协助局安全生产领导小组办公室主任做好安全生产责任制的落实、安全生产目标任务的分解和安全生产目标责任书的签订工作。

(8)协助局安全生产领导小组办公室主任组织开展安全生产大

检查,对发现的问题下发“安全隐患整改通知书”,并督促整改。

(9)做好安全生产领导小组会议记录。

(10)协助局安全生产领导小组办公室主任组织开展各项安全生产活动。

7. 科室专职安全员

(1)学习宣传国家、省、市关于安全生产工作的方针政策、法律、法规,传达局有关安全生产工作部署。

(2)参与制定本科室有关安全生产管理制度和安全技术操作规程。

(3)编制本科室安全技术措施计划和事故隐患整改方案,并及时上报和检查落实。

(4)协助科室负责人做好安全生产教育与培训。

(5)组织本科室人员参加有关安全生产知识培训和应急预案演练。

(6)经常组织本科室安全生产大检查,发现事故隐患,及时报告并督促整改。

(7)组织本科室人员参加局组织的各项安全生产活动。

(8)按照要求对安全生产资料整理归档。

8. 股长、班长、组长

(1)学习宣传国家、省、市关于安全生产工作的方针政策、法律法规,传达有关安全生产工作部署。

(2)贯彻执行各项安全生产规章制度和安全技术操作规程,督促检查岗位工作人员遵章守纪,按规操作,杜绝“三违”现象。

(3)组织召开股(班、组)安全生产例会,坚持班前讲安全、班中检查安全、班后总结安全。

(4)新设备、新技术、新工艺实施(使用)前对相关人员进行技术培训,并做好培训记录。

(5)对新进职工(包括实习、临时参观人员)进行安全教育和培训。

(6)组织安全生产检查,发现不安全因素及时组织力量消除。

(7)发生事故立即报告,并组织抢救,保护好现场,做好详细记录,参与事故调查和分析,落实防范措施。

(8)组织参加各种安全生产活动。

(9)整理股(班、组)安全生产资料归档。

(10)与本股(班、组)人员签订安全生产目标任务责任书。

(11)按照管理局隐患排查计划(每周/次)开展管控区域存在的重大风险点、较大风险点、一般风险点、低风险点的隐患排查工作,如实记录班(股)隐患排查台账。

9. 岗位操作人员

(1)认真学习和严格遵守安全生产各项方针政策、法律、法规、规章制度、操作规程,切实规范自己的作业行为。

(2)坚持持证上岗制度,严格按照规范规程操作。

(3)积极参加股(班、组)安全生产例会和各项安全生产活动,献计献策,共同搞好安全生产工作。

(4)积极参加安全生产大检查,把事故苗头消灭在萌芽状态。

(5)发生安全事故,及时、如实地向上级报告,并保护好现场,做好详细记录。

(6)对违反规程规范的指挥拒绝执行,对他人的违章作业加以劝阻和制止。

5.2.5 管理活动的内容与方法

5.2.5.1 安全生产责任制管理的基本原则

(1)党政同责、一岗双责、齐抓共管、失职追责。

(2)安全第一、预防为主、综合治理。

(3)人民至上、生命至上。

(4)管业务必须管安全、管行业必须管安全,管生产经营必须管安全。

(5)谁主管,谁负责。

(6)岗位不同,责任制不同。

(7)全员安全生产责任制。

5.2.5.2 安全生产责任制的制定

(1)局安全生产领导小组办公室根据局与所属市级人民政府签订的安全生产年度目标任务,结合各科室安全生产职责,分解制订各科室及有关人员的安全生产责任制,报分管安全生产领导审核,局长批准,以文件形式下发。

(2)各科室制订所属股(班、组)及岗位个人的安全生产责任制。

5.2.5.3 安全生产目标任务责任书的签订

(1)局安全生产领导小组办公室根据《安全生产目标管理制度》要求起草"关于签订安全生产目标任务责任书的通知",经分管安全生产领导审核,局长批准,以正式文件发布。

(2)局安全生产领导小组办公室牵头组织全局安全生产目标任务责任书的签订,安全生产目标任务责任书的签订分三级:

①局长与各科室负责人签订科室安全生产目标任务责任书;

②科室负责人与各股(班、组)长签订股(班、组)安全生产目标任务责任书;

③股(班、组)长与各岗位人员签订个人安全生产目标任务责任书。

(3)安全生产目标任务责任书的数量。

①局长与各科室负责人签订安全生产目标任务责任书一式三份:局长一份(保存在局安全生产领导小组办公室)、分管领导一份、科室一份;

②科室负责人与各股(班、组)长签订股(班、组)安全生产目标任务责任书一式三份:分管领导一份(保存在局安全生产领导小组办公室)、科室一份、股(班、组)一份;

③股(班、组)长与各岗位人员签订安全生产目标任务责任书一式三份:局安全生产领导小组办公室留存一份、股(班、组)一份、个人一份。

5.2.5.4　安全生产责任制的执行

(1)各科室、股(班、组)应组织职工认真学习《中华人民共和国安全生产法》,强化职工对落实安全生产责任制重要性的认识,使每个职工都知道自己在安全生产中应负的责任和应有的权利。

(2)各科室、股(班、组)应高度重视安全生产目标责任书的签订,科室、股(班、组)负责人应亲自组织,使安全生产责任制落实到每一个人。

(3)各科室、股(班、组)应对每个岗位安全生产责任制执行情况进行经常检查,确保安全生产责任制的落实。

5.2.5.5　安全生产责任制的考核检查

(1)局安全生产领导小组办公室对各科室的安全生产责任制落实情况每半年进行一次检查,各科室对所属股(班、组)的安全生产责任制落实情况每季度进行一次检查,股(班、组)对各岗位的安全生产责任制落实情况每月进行一次检查。

(2)考核结果记入"安全责任制考核记录",科室考核结果通报全局。

5.2.5.6　安全生产责任制的评审

(1)单位安全生产责任制每年进行一次评审,评审工作由局安全生产领导小组办公室组织。

(2)局安全生产领导小组办公室起草关于安全责任制评审的通知,分管局长审核,局长批准。

(3)各科室对所属股(班、组)及各岗位的安全生产责任制落实情况进行评审。

(4)安全生产责任制评审的依据:

①法律、法规、标准、制度的变化情况;

②安全生产责任制是否符合安全生产实际;

③本科室和岗位职能是否有变化;

④是否有增加的科室和岗位。

(5)评审中各科室安全员应填写“安全生产责任制评审表”。

(6)评审后,各科室编写评审报告报局安全生产领导小组办公室,局安全生产领导小组办公室汇总各科室评审报告,形成全局安全生产责任制评审报告,分管局长审核,局长批准。

5.2.5.7 安全生产责任制的修订

(1)安全生产责任制每年进行一次修订,局安全生产领导小组办公室组织安全生产责任制的修订工作。

(2)局安全生产领导小组办公室起草关于修订安全生产责任制的通知,分管局长审核,局长批准,以文件的形式下发。

(3)各科室组织对本科室股(班、组)及各岗位安全生产责任制进行修订。

(4)对安全生产责任制进行修订时应填写“安全生产责任制修订表”。

(5)修订工作结束后,各科室安全员应将新修订的安全生产责任制,经本科室负责人审核、批准后报局安全生产领导小组办公室汇总,形成单位安全责任制修订报告,提交安全生产领导小组讨论,分管局长审核,局长批准,以文件形式发布。

(6)当出现本制度“5.2.5.6 安全生产责任制的评审”条款第(4)条中任何一条情况时,应及时对安全生产责任制进行修订。

5.2.6　检查与考核

表 5-3 给出了检查与考核内容的示例。

表 5-3　检查与考核内容

序号	考核内容	考核制度	被考核人/岗位	考核各部门/单位
1	各科室对安全生产责任制执行情况进行检查	每季度检查一次	各科室	局安全生产领导小组办公室
2	对各科室安全生产责任制实施进行考核	每季度进行一次	各科室	局安全生产领导小组办公室
3	单位安全生产责任制评审工作	每年进行一次	各科室	局安全生产领导小组办公室

5.2.7　报告与记录

表 5-4 给出了执行本制度形成的报告与记录示例。

表 5-4　报告与记录

序号	编号	名称	填写单位/岗位	保存地点	保存期限
1	JL-212.002-01	安全生产责任制考核记录	局安全生产领导小组办公室	局安全生产领导小组办公室	3 年
2	JL-212.002-02	安全生产责任制评审记录	局安全生产领导小组办公室	局安全生产领导小组办公室	3 年
3	JL-212.002-03	安全生产责任制修订记录	局安全生产领导小组办公室	局安全生产领导小组办公室	3 年

5.3 安全检查及隐患排查治理管理制度

5.3.1 范围

本制度规定了河南省白龟山水库管理局安全检查及隐患排查治理管理的职责、检查、排查、治理、验收评估、预测预警、信息报送、检查与考核、报告与记录等要求。

本制度适用于河南省白龟山水库管理局安全检查及隐患排查治理管理。

5.3.2 规范性引用文件

下列文件对于本文件的应用是必不可少的。凡是注日期的引用文件,仅所注日期的版本适用于本文件。凡是不注日期的引用文件,其最新版本(包括所有的修改单)适用于本文件。

国家安全生产监督管理总局令(第16号)安全生产事故隐患排查治理暂行规定

《水利工程建设安全生产监督检查导则》(水安监〔2011〕475号)

《河南省安全隐患排查治理管理规定》

5.3.3 术语和定义

下列术语和定义适用于本文件。

5.3.3.1 隐患

隐患是安全生产事故隐患的简称,是指生产经营单位违反安全生产法律、法规、规章、标准、规程和安全管理制度的规定,或者因其他因素在安全生产经营活动中存在可能导致事故发生的物的危险状态、人的不安全行为和管理上的缺陷。

5.3.3.2　隐患排查

隐患排查是指生产经营单位组织安全生产管理人员、工程技术人员和其他相关人员对本单位的事故隐患进行排查，并对排查出的事故隐患，按照事故隐患的等级进行登记，建立事故隐患信息档案。

5.3.3.3　隐患治理

隐患治理是指消除或控制隐患的活动或过程。对排查出的事故隐患，应当按照事故隐患的等级进行登记，建立事故隐患信息档案，并按照职责分工实施监控治理。对于一般事故隐患，由于其危害和整改难度较小，发现后应当由生产经营单位负责人或者有关人员立即组织整改。对于重大事故隐患，由生产经营单位主要负责人组织制订并实施事故隐患治理方案。

5.3.4　职责

5.3.4.1　局长

(1)落实安全生产“一岗双责”制度，督促班子成员对所分管范围的隐患排查治理工作情况进行监督、检查。

(2)组织参加本单位安全生产隐患排查治理活动。

(3)及时、如实报告重大安全生产事故隐患。

(4)审批安全隐患排查治理方案。

(5)按照管理局隐患排查计划(每季度/次)组织开展管理局重大风险点的隐患排查工作。

5.3.4.2　分管局领导

(1)审核全局安全检查工作计划和节假日、季节性安全检查计划。

(2)审核年度隐患排查治理计划及实施方案。

(3)审核安全检查实施方案。

(4)组织参加安全生产大检查，督促安全隐患排查治理。

(5)按照管理局隐患排查计划(每季度/次)组织开展分管科室

存在重大风险点、较大风险点的隐患排查工作。

5.3.4.3 局安全生产领导小组办公室

(1)制订年度安全隐患排查治理计划及实施方案。

(2)组织开展全局各类安全检查活动。

(3)向存在安全隐患单位下达“安全隐患整改通知书”,并监督整改。

(4)组织对重大隐患治理情况进行分析、评估、验收。

(5)统计、上报隐患排查治理信息,建立隐患排查治理档案。

(6)建立安全检查和隐患治理各种档案。

5.3.4.4 其他各科室职责

(1)组织开展本科室安全隐患排查治理活动。

(2)参加全局安全隐患排查治理活动。

(3)按照管理局隐患排查计划(每月/次)组织开展科室存在重大风险点、较大风险点、一般风险点的隐患排查工作。

(4)上报本科室安全隐患排查治理信息,建立隐患排查治理档案。

(5)对本科室存在的安全隐患进行整改。

(6)建立本科室安全检查和隐患治理各种记录档案。

5.3.4.5 各股(班、组)

(1)配合科室开展股(班、组)各类安全隐患排查治理活动。

(2)按照管理局隐患排查计划(每周/次)组织管控区域内存在重大风险点、较大风险点、一般风险点、低风险点的隐患排查工作。

(3)对存在的安全隐患进行整改,并制订控制措施。

(4)上报隐患排查治理信息。

(5)及时、如实报告重大安全生产事故隐患。

(6)如实记录安全检查和隐患治理情况。

5.3.5　管理活动的内容与方法

5.3.5.1　安全检查

1. 安全检查程序

(1)成立安全检查小组,人员至少3人以上,并确定一名组长和记录员。

(2)制订检查方案。

(3)确定检查目标。

(4)确定检查时间。

(5)确定被检查单位。

(6)按照检查方案实施检查。

(7)对检查情况进行总结,并把检查结果反馈相关科室。

2. 检查时间

1)定期检查

(1)每月安全检查。

(2)“元旦”“春节”“五一”“十一”等节假日安全检查。

(3)“春季”“夏季”“秋季”“冬季”季节性安全检查。

(4)汛前、汛中、汛后安全检查。

2)不定期检查

(1)专项检查。

(2)根据工作需要检查。

(3)上级要求或政策法规变动时的检查。

(4)特殊情况检查。

3. 检查范围

(1)办公场所危及人身安全的不安全因素。

(2)建设、施工、检修过程中可能发生的各种能量伤害。

(3)用电线路及设备使用所造成的安全隐患。

(4)职工职业健康存在的安全隐患。

(5)各部位消防设施、消防通道、消防器材存在的安全隐患。

(6)工程运行管理过程中存在的安全隐患。

(7)车辆运行管理过程中存在的安全隐患。

(8)职工生活区存在的安全隐患。

4. 检查方法及要求

(1)听汇报、查记录、看台账。

(2)深入现场检查。

(3)一般检查和重点检查相结合。

(4)春季安全大检查,以防雷、防静电、防漏为重点。

(5)夏季安全大检查,以防暑降温、防台风、防汛为重点。

(6)秋季安全大检查,以防火为重点。

(7)冬季安全大检查,以防火、防爆、防冻保暖、防滑为重点。

(8)汛期安全大检查,包括汛前、汛中和汛后工程安全大检查。

5. 检查内容

(1)贯彻执行国家、行业、企业安全生产法律、法规、方针、政策及各项安全生产规程、规范、标准、制度情况。

(2)安全生产责任制、安全生产管理制度、安全技术措施和方案、安全操作规程、事故隐患排查计划(方案)的制订及落实情况。

(3)安全生产"一岗双责"制度的执行情况,重点检查生产实施系统布置是否考虑安全生产与事故隐患排查治理情况。

(4)安全生产人员配备及安全经费的投入使用情况。

(5)安全生产目标、指标的制订、分解及保障措施的落实情况。

(6)各生产经营场所及设备、设施符合有关安全生产法律、法规和国家、行业、企业标准、规范、规程的情况。

(7)职业危害防护措施的制订及落实情况。

(8)从业人员配备符合国家、行业标准的情况。

(9)劳动和职业病防护用品的情况。

(10)管理局双预防机制隐患排查表各项内容。

(11)主要负责人、安全管理人员的安全教育与考核情况,特种作业人员持证上岗及员工的安全教育培训情况。

(12)重大危险源的登记、建档、检测、监控措施、应急预案的制订、演练、落实情况。

(13)重大事故隐患排查、整治、消除、销号情况。

6. 总结反馈

1)对检查情况进行总结

检查结束后,局安全生产领导小组办公室应对本次检查情况进行书面总结,总结的内容包括:

(1)检查的时间、地点、被检查单位;

(2)检查的内容;

(3)检查的具体情况;

(4)检查发现的问题;

(5)制作安全隐患台账;

(6)对检查中发现的问题的处理建议。

2)将检查结果反馈给被检查科室

安全检查小组对检查出的安全隐患,填写"安全隐患整改通知书",由检查组长和被检查科室负责人签字后,交由被检查科室对安全隐患进行整改,安全检查小组在规定时间内对整改情况进行监督,直至整改完成。

7. 检查资料归档

安全检查活动结束后,局安全生产领导小组办公室负责对本次安全检查资料进行整理存档。

5.3.5.2　隐患排查治理

1. 隐患分类(按标准修改)

(1)一般事故隐患:是指危害和整改难度较小,发现后能够立即整改排除的隐患。

（2）重大事故隐患：是指危害和整改难度较大，应当全部或者局部停产停业，并经过一定时间整改治理方能排除的隐患，或者因外部因素影响致使单位自身难以排除的隐患。

2. 隐患排查治理流程

事故隐患排查治理应纳入安全生产日常工作中，按照“发现（排查）—分析—评估—报告—审查—治理（控制）-验收”的流程，形成闭环管理。

3. 隐患排查治理的责任单位和人员

（1）局主要负责人是局安全生产隐患排查治理的第一责任人。

（2）分管领导是分管科室安全生产隐患排查治理的第一责任人。

（3）各科室主要负责人是本科室安全隐患排查治理的第一责任人。

4. 安全隐患排查治理程序

（1）组织安全隐患排查，发现问题。

（2）由局安全生产领导小组办公室下发“安全隐患整改通知书”，限期整改。

（3）安全隐患整改完成后，由被检查单位填写“安全隐患整改回复报告书”，上报局安全生产领导小组办公室。

（4）由局安全生产领导小组办公室组织整改验收，对安全隐患销号。

5. 隐患排查治理的范围

局属各科室及下属股（班、组），应结合单位实际情况，开展安全生产事故隐患排查工作，包括所有与安全生产、工程管理相关的场所、环境、人员、设备、设施和活动。

6. 隐患排查治理的要求和“安全隐患整改通知书”的送达

1）隐患排查治理的要求

（1）对非法、违法、违规行为，按照有关法律、法规和安全生产管理规定，当场予以纠正或限期整改，并给予相应的行政处罚。对超越安全生产监管职责范围，危及安全生产的隐患，应当及时报告有关部门处理，并记录在案备查。

(2)对检查出的问题被检查单位现场不能立即整改的，由局安全生产领导小组办公室向被检查单位下达"安全隐患整改通知书"，内容包括整改内容、整改期限、整改措施、整改责任单位和责任人，并由签发人员和被检查单位负责人签字。

(3)被检查单位应当按照"安全隐患整改通知书"要求进行整改，并在规定时限内整改完成后，填写"安全隐患整改回复报告书"报送局安全生产领导小组办公室验收。

(4)被检查单位拒不整改或逾期不整改的，局安全生产领导小组办公室应报请局主要负责人批准，依据有关法律法规予以处罚。

(5)局安全生产领导小组办公室对隐患整改情况要跟踪落实，实行"限期整改、专人负责、复查销号"制度，对一些不能及时整改完成的隐患，要责成有关科室制订应急措施，确保生产安全，不发生事故。

2)"安全隐患整改通知书"的送达

局安全生产领导小组办公室下达(送达)"安全隐患整改通知书"，被检查单位负责人拒绝签字或拒绝签收的，送达人员应当将现场情况记录(或拍照)在案，并向分管领导汇报。

5.3.5.3　隐患排查的分析与评估

1. 预先危险性分析

各科室及股(班、组)在每项生产活动的开始阶段，采取风险分析法对系统存在的危险类别、出现条件、事故后果等进行概略分析，尽早发现潜在的危险性，早期发现系统的潜在危险因素，确定系统的风险等级，提出相应的防范措施，防止这些危险因素发展成事故。

2. 事故隐患所在单位对事故隐患进行评估定级

有关科室及股(班、组)对于发现的事故隐患应立即进行评估，按照预评估、评估、核定3个步骤确定其等级。

3. 建立安全事故隐患管理台账

白龟山水库管理局实行安全事故隐患台账管理，各科室及股(班、组)应当按照事故隐患等级建立“安全生产事故隐患管理台账”，事故隐患管理台账的内容包括：

(1)隐患类别；

(2)隐患所在科室及部位；

(3)隐患基本情况；

(4)发现隐患时间；

(5)隐患等级；

(6)事故隐患治理方案，包括治理的目标和计划、治理的措施和要求、责任单位和责任人、治理的时限、安全防范和应急措施。

5.3.5.4 验收评估

验收评估内容：

(1)被检查单位落实整改后将整改情况报局安全生产领导小组办公室，由被检查单位相关人员填写“安全隐患整改回复报告单”，隐患整改在规定期限内完成，由局安全生产领导小组办公室组织验收，验收合格后将整改通知单和回复报告单备案。

(2)隐患所在单位要在规定时限内将“安全隐患整改回复报告单”报送局安全生产领导小组办公室审查，局安全生产领导小组办公室对治理情况，要跟踪监督、验收和效果评估，验收和效果评估资料应记录在案。

5.3.5.5 信息报送

(1)各科室应统计分析事故隐患排查治理情况，各股(班、组)每月25日前将本月安全生产情况上报所属科室，各科室每月27日前应当将本科室上月安全生产情况进行统计汇总，填写“安全生产综合报表”，报局安全生产领导小组办公室，全面、真实反映本科室安全生产隐患排查治理情况。

(2)局安全生产领导小组办公室每季度、每年对本单位事故隐患排查治理情况进行统计分析,填写“安全生产事故隐患统计汇总表”,其中排查出来的较大、重大事故隐患要及时填报“较大、重大安全生产事故隐患登记表”,并按要求向上级主管部门上报。在填报系统中填写水利安全生产信息。

(3)各级管控责任人定期开展隐患排查时,发现隐患采用手机APP 双预防助理小程序及时上报隐患,按操作流程逐级审批整改,利用双体系信息化平台完成隐患排查闭环管理。

(4)局安全生产领导小组办公室每月月底,统计本单位安全事故和安全隐患情况,报分管安全生产局领导审核,局长审批后利用水利安全生产信息系统平台上报当月管理局安全生产信息。

(5)局安全生产领导小组办公室按照上级要求每季度利用水利安全生产信息系统平台上报管理局危险源。

5.3.6　检查与考核

表 5-5 给出了检查与考核内容的示例。

表 5-5　检查与考核内容

序号	考核内容	考核标准	被考核人/岗位	考核部门/单位
1	季度安全检查工作总结	检查后一个月内以文件形式下发	各科室及班组	局安全生产领导小组办公室
2	隐患排查与治理的计划	每年第一季度确定排查重点	各科室及班组	局安全生产领导小组办公室
3	安全隐患整改回复报告单	一般事故隐患 3 日内完成	被检查单位	局安全生产领导小组办公室
4	安全生产事故隐患统计汇总表	每季度结束后、每年度结束后 2 日内	各科室及班组	局安全生产领导小组办公室

5.3.7　报告与记录

表 5-6 给出了执行本制度形成的报告与记录示例。

表 5-6　报告与记录

序号	编号	名称	填写单位/岗位	保存地点	保存期限
1	JL-212.020-01	安全检查记录表	各科室及班组	各科室及班组	3 年
2	JL-212.020-02	安全生产事故隐患管理台账	各科室及班组	各科室及班组	3 年
3	JL-212.020-03	生产安全事故隐患整改通知书	各科室及班组	各科室及班组	3 年
4	JL-212.020-04	安全隐患整改回复报告单	各科室及班组	各科室及班组	3 年
5	JL-212.020-05	安全生产事故隐患统计汇总表	各科室及班组	各科室及班组	3 年
6	JL-212.020-06	较大、重大安全生产事故隐患登记表	各科室及班组	各科室及班组	3 年

5.4　安全生产考核奖惩及“一票否决”管理制度

5.4.1　范围

本制度规定了河南省白龟山水库管理局安全生产考核奖惩管理的职责、程序、内容、兑现、检查与考核、报告与记录等要求。

本制度适用于河南省白龟山水库管理局安全生产考核奖惩管理。

5.4.2　职责

5.4.2.1　局长

(1)审批安全生产考核奖惩文件。

(2)审批局安全生产领导小组办公室提交的安全生产奖惩意见。

5.4.2.2　分管安全生产局领导

(1)组织开展安全生产年度考评工作。

(2)审核局安全生产考核奖惩办法。

(3)审核局安全生产领导小组办公室提交的安全生产奖惩意见。

5.4.2.3　局安全生产领导小组办公室

(1)收集上级有关安全生产考核奖惩规定及要求,起草发布局安全生产考核奖惩办法。

(2)参加安全生产年度考核工作,提出奖惩意见。

(3)对局属各科室、班组违章人员、事故责任人根据《安全生产奖惩办法》提出处理意见。

5.4.2.4　其他科室

(1)贯彻执行局安全生产考核奖惩办法。

(2)配合局安全生产考核小组对本科室的安全生产情况进行考核。

5.4.3　管理活动的内容与方法

5.4.3.1　安全生产考核奖惩办法的制定

(1)局安全生产领导小组办公室根据国家法律、法规及上级有关安全生产奖惩的文件精神,结合水库管理局安全生产工作实际,起草《河南省白龟山水库管理局安全生产考核奖惩办法》,内容包括:

①安全生产考核奖惩的范围、目的、内容、方法、方式；

②安全生产奖惩依据；

③安全生产奖惩办法。

(2)局安全生产领导小组办公室将《河南省白龟山水库管理局安全生产考核奖惩办法》草稿提交分管领导审核，经局长批准后以正式文件发布实施。

(3)局安全生产领导小组办公室组织召开全局职工大会或由科室负责人分科室组织职工对《河南省白龟山水库管理局安全生产考核奖惩办法》进行宣贯学习。

5.4.3.2 安全生产考核程序

(1)局安全生产领导小组办公室根据水库管理局实际情况制定《河南省白龟山水库管理局安全生产考核实施细则》，并经分管领导审核，经局长审批后以正式文件下发。

(2)局安全生产领导小组办公室下发年度安全生产工作考核通知。

(3)局安全生产领导小组办公室对各科室安全生产工作进行检查考核，并根据《河南省白龟山水库管理局安全生产考核实施细则》对各科室进行考核打分。

(4)局安全生产领导小组办公室根据对各科室考核情况确定优秀、合格和不合格等次。

(5)局安全生产领导小组办公室将考核情况形成年度安全生产工作考核报告，报局领导审批。

(6)公布安全生产工作考核奖惩情况。

5.4.3.3 安全生产考核内容

安全生产考核的内容以《河南省白龟山水库管理局安全生产考核实施细则》为基础，同时对科室日常安全生产管理工作、局下达的安全目标和任务的完成情况等进行考核，内容包括：

(1)各科室与白龟山水库管理局签订的《安全生产目标管理责任书》内规定的科室职责完成情况;

(2)《河南省白龟山水库管理局安全生产考核细则》规定各科室应完成的安全生产工作任务;

(3)各科室对重要的安全生产活动参与、完成情况,如“安全生产月”活动、安全生产大检查活动、安全生产应急预案演练活动等;

(4)各科室之间的安全生产工作配合情况;

(5)其他应完成的安全生产工作任务。

5.4.3.4　安全生产考核办法

根据《河南省白龟山水库管理局安全生产考核实施细则》规定,结合科室提供的年度安全生产工作总结及自评结果,由局安全生产领导小组办公室对科室进行综合评分,考评等次分为优秀、合格和不合格。得分率85分(含85分)以上且得分排名第一名者为优秀,60分(含60分)~85分为合格,60分以下为不合格。

5.4.3.5　安全生产奖惩

1. 安全生产奖惩原则

安全生产奖惩实行精神鼓励与物质奖励相结合,思想教育与行政惩戒相结合的原则。

2. 安全生产奖励

(1)安全生产奖励采用精神鼓励与物质奖励相结合的方式,凡被评为安全生产优秀单位、安全生产先进单位、安全生产工作者,精神鼓励采取颁发荣誉证书形式;物资奖励根据所属地安委会奖金发放文件规定和水库管理局有关先进奖金发放规定执行。

(2)安全生产奖金的发放由局安全生产领导小组办公室制定《安全生产奖金发放办法》,经局领导批准,并完善审批程序发放。

5.4.3.6　安全生产处罚

1. 安全生产处罚原则

安全生产处罚坚持以思想教育为主,经济处罚为辅的原则,采取对科室负责人约谈、对相关责任人批评教育等形式，达到人员受到教育、隐患得到整改、事业安全发展的目的。

2. 安全生产处罚标准

（1）对年终考评不合格的科室，责令科室进行为期一个月的整改，直至达到《河南省白龟山水库管理局安全生产考核细则》的合格标准要求。

（2）对于出现安全生产责任事故的科室，进行如下惩处：

①造成轻微财产损失的（500 元及以下），对科室进行警告批评；

②造成一般财产损失的（500~2 000 元），取消科室年底安全生产考评资格；

③造成中度财产损失的（2 000~50 000 元），取消科室年底安全生产考评资格，同时取消科室年终评优评先资格，对科室负责人和直接责任人各罚款 500 元；

④造成重大财产损失的（50 000 元以上）或者造成人员伤亡的，在以上惩处的基础上，根据事故的原因、程度、责任划分，依照局有关规定及《生产安全事故报告和调查处理条例》，对直接责任人和相关责任人给予相应处分，情节严重的，依法追究其刑事责任。

5.4.3.7 安全生产“一票否决”

对年终安全生产工作考核“不合格”的科室实行“一票否决”制度，取消科室当年评选先进单位和先进党支部的资格。

5.4.4 检查与考核

表 5-7 给出了检查与考核内容的示例。

5.4.5 报告与记录

表 5-8 给出了执行本制度形成的报告与记录示例。

表5-7　检查与考核内容

序号	考核内容	考核标准	被考核人/岗位	考核部门/单位
1	违章处罚	安全生产考核奖惩办法	违章单位、人员	局安全生产领导小组办公室
2	年度考核	安全生产考核奖惩办法	各科室、班组	局安全生产领导小组办公室

表5-8　报告与记录

序号	编号	名称	填写单位/岗位	保存地点	保存期限
1	JL-212.026-01	奖励申请单	各科室安全管理人员	局安全生产领导小组办公室	3年
2	JL-212.026-02	违章处罚通知单	安全员	局安全生产领导小组办公室	3年

5.5　河南省白龟山水库管理局安全风险分级管控制度

为进一步加强水库管理局风险分级管控，推进事故预防工作科学化、信息化、标准化，实现把风险控制在隐患形成之前、把隐患消灭在事故前面，特建立风险分级管控制度。

5.5.1　总则

风险分级管控是指在安全生产过程中，针对各系统、各环节可能存在的风险、危害因素与危险源，进行辨识、分析、分级管控的管理措施。

各科室负责人是本科室风险分级管控工作实施的责任主体。

5.5.2 风险分级管控组织机构

5.5.2.1 成立

“风险分级管控”工作领导小组如下：

组长：单位负责人。

副组长：各分管负责人。

成员：各科室负责人。

5.5.2.2 领导小组职责

(1)组长是风险分级管控第一责任人，对风险管控全面负责。

(2)副组长对风险分级管控实施的监督、管理、考核。

(3)各科室负责人具体负责实施分管系统范围内的风险分级管控工作。

5.5.2.3 风险分级管控办公室设置

领导小组下设办公室，办公室具体职责如下：

(1)制订风险分级管控工作实施方案，明确辨识程序、评估方法、管控措施及层级责任、考核奖惩等内容；

(2)制订风险辨识的程序和方法(通过对系统的分析、危险源的调查、危险区域的界定、存在条件及触发因素的分析、潜在危险性分析)；

(3)指导、督促各科室开展“风险分级管控”工作；

(4)组织相关人员对全局的“风险分级管控”实施情况进行检查、考核；

(5)承办上级部门“风险分级管控”工作领导小组交办的其他工作。

5.5.3 危险源辨识程序及风险评估方法

5.5.3.1 综合辨识程序

1.年度危险源辨识及风险评估

每年由主要负责人亲自组织制订年度危险源辨识及风险评估

工作方案,抽调分管领导、科室负责人、运行管理人员、安全管理人员(必要时聘请专家),根据《生产过程危险和有害因素分类与代码》(GB/T 13861—2009)和《企业职工伤亡事故分类》(GB 6441—86),围绕人的不安全行为、物的不安全状态、环境的不良因素和管理缺陷等要素,对生产系统、装置设施、作业环境、作业活动等进行一次全面、系统的危险源辨识。通过对系统的分析、危险源的调查、危险区域的界定、存在条件及触发因素的分析、潜在危险性分析,确定危险源种类及风险等级,制订风险控制措施。

2. 月度危险源辨识及风险评估

每月由各科室负责人牵头组织本科室进行一次危险源辨识及隐患排查,结合本科室重点区域、重点场所、重点环节及操作行为、职业健康、环境条件、安全管理等,进行一次专业系统的危险源辨识。

3. 每周危险源辨识及风险评估

班(股)组长每班交接班前组织本班组岗位员工对重点工序进行危险源辨识。加强现场监管,全面掌控作业现场班组、岗位人员的危险源辨识情况;岗位员工上岗前对上岗区域内的环境、设备、设施、劳动防护进行危险源辨识,发现危险源后及时向当班(股)组长汇报,若发现存在不符合项应立即处理,处理不了的及时汇报科室负责人。

5.5.3.2　风险辨识评价方法

采用直接评定法、作业条件危险性评价法(LEC 法)、风险矩阵法(LS 法)等方法对危险源进行风险分级,确定风险等级。从高到低依次划分为重大风险、较大风险、一般风险和低风险 4 级,分别采用红、橙、黄、蓝 4 种颜色标示。其中,存在以下情形之一者,可界定为重大风险。

(1)发生过死亡、重伤、重大财产损失事故,或 3 次及以上轻伤、一般财产损失事故,且现在发生事故的条件依然存在的;

(2)涉及危化品重大危险源的；

(3)具有中毒、爆炸、火灾、坍塌等危险的场所，现场作业人员在3人及以上的；

(4)经风险评估确定为最高级别风险的；

(5)经研究认为有必要列为重大风险的其他条件。

5.5.3.3　建立风险数据库、重大风险清单

(1)各科室危险源辨识结束后，分别由分管领导、科室负责人、运行管理人员针对各系统风险和安全隐患，按照风险等级评定标准(推荐采用直接评定法、作业条件危险性评价法、风险矩阵法)对危险源进行风险分级，确定风险等级。建立一整套风险数据库、重大风险清单、实行"一风险一档案"，并按照风险等级，用红、橙、黄、蓝等色彩对档案进行分类管理。对现场辨识出现的不同类别风险，必须明确应急处置程序和措施，经评估存在不可控风险的，必须立即停止区域作业或停止设备运行，撤出危险区域人员，制订整改措施并进行整改，整改完毕后再重新进行评估并实时监控。

(2)各科室每次进行危险源辨识、风险评估、定级结束后，要组织编写风险清单，明确辨识的时间和区域、存在的风险和等级、管控措施和建议等内容，做到"谁辨识、谁签字、谁负责"，存档备查。

(3)各科室将最终的风险分级管控清单报局安全生产领导小组办公室备案。

5.5.4　风险分级管控

根据风险评估，针对风险类型和等级，从高到低，分为"单位、分管领导、科室、班(股)"4级，逐级分解落实到每级岗位和管理、作业员工身上，确保每一项风险都有人管理、有人监控、有人负责。

(1)重大风险：极其危险，主要负责人组织管控，必要时，管理单位应报请上级主管部门并与当地应急管理部门沟通，协调相关单位共同管控。

(2)较大风险:高度危险,由分管领导组织管控,分管安全生产管理的领导协助主要负责人监督。

(3)一般风险:中度危险,由科室负责人组织管控,安全管理部门负责人协助其分管领导监督。

(4)低风险:轻度危险,由班(股)组长自行管控。

(5)主要负责人牵头组织召开单位专题会,每季度对评估出的重大风险管控措施落实情况和管控效果进行检查分析,识别风险辨识结果及管控措施是否存在漏洞、盲区,针对管控过程中出现的问题调整完善管控措施,并结合季度和专项风险辨识评估结果,布置下一季度风险管控重点。

(6)各科室牵头组织召开科室专题会,每月对本科室存在的每一项风险,从制度、管理、措施、装备、应急、责任、考核等方面逐一落实管控措施,组织对月度风险重点管控区域措施实施情况进行一次检查分析,落实管控措施是否符合现场实际,不断完善、改进管控措施。

(7)由领导小组办公室负责人牵头,风险分级管控办公室负责严格对照每一项风险的管控措施,抓好日常监督检查,确保管控措施严格落实到位。

5.5.5　建立风险清单及风险管控措施

风险分级管控办公室在风险辨识评估和分级之后,负责建立风险清单及数据库,参照《风险清单》格式,完善风险管控措施。风险清单应至少包括风险名称、风险位置、风险类型、风险等级、管控措施及责任人等内容。

5.5.6　建立重大风险管控措施

风险分级管控办公室对重大风险进行汇总,登记造册,并对重大风险存在的作业场所或作业活动、工艺技术条件、技术保障措施、管理措施、应急处置措施、责任部门及工作职责等进行详细说明。对于重大风险,白龟山水库管理局应及时向河南省水利厅监督处和平顶山市应急局报告。

5.5.7 风险公告警示及培训

(1)完善风险公告制度,全局要在重大风险区域的显著位置,公告存在的重大风险、管控责任人和主要管控措施。制作岗位风险管控应知应会卡,标明主要风险、可能引发事故隐患类别、事故后果、管控措施、应急措施及报告方式等内容,局安全生产领导小组办公室负责做好日常监督检查。

(2)加强风险教育和技能培训,每半年至少组织一次风险辨识评估、技术人员辨识评估专项培训;每年对全局所有人员进行一次以年度、综合、专项风险辨识评估结果、与本岗位相关的重大风险管控措施为主的教育培训,确保每名职工都能熟练掌握本岗位风险的基本特征及防范、应急措施。

5.6 安全生产事故报告和调查处理管理制度

5.6.1 范围

本制度规范了河南省白龟山水库管理局安全生产事故报告和调查处理的职责、事故报告、事故调查、原因分析、预防措施、责任追究、统计与分析、检查与考核、报告与记录等要求。

本制度适用于河南省白龟山水库管理局的安全生产事故报告和调查处理。

5.6.2 规范性引用文件

下列文件对于本文件的应用是必不可少的。凡是注日期的引用文件,仅所注日期的版本适用于本文件。凡是不注日期的引用文件,其最新版本(包括所有的修改单)适用于本文件。

《生产安全事故报告和调查处理条例》(中华人民共和国国务院第493号令)

《工伤保险条例》(中华人民共和国国务院第586号令)

《企业职工伤亡事故分类标准》(GB 6441—86)

《企业职工伤亡事故分析规则》(GB 6442—86)

《企业安全生产标准化基本规范》(AQ/T 9006—2010)

《河南省生产安全事故报告和调查处理规定》

5.6.3　术语和定义

5.6.3.1　安全生产事故

安全生产事故指生产经营活动中发生的造成人身伤亡或直接经济损失的事件。

5.6.3.2　“四不放过”

“四不放过”是安全生产事故处理的基本原则,即:事故原因未查清不放过;责任人员未处理不放过;整改措施未落实不放过;有关人员未受到教育不放过。

5.6.3.3　事故责任单位

事故责任单位指发生生产安全事故的部门或责任人,对生产事故负有直接责任、间接责任或一般责任。

5.6.4　职责

5.6.4.1　局安全生产领导小组

(1)指导、协调、管理安全生产工作。

(2)组织或参与安全生产事故的报告和调查处理工作。

(3)研究解决全局安全生产工作中的重大问题。

5.6.4.2　局安全生产领导小组办公室

(1)按照规定制订、修订安全生产事故报告和调查处理制度。

(2)根据领导要求参与生产安全事故的调查处理。

(3)归档保存安全生产事故调查处理资料。

5.6.4.3　工会

(1)按照规定参与生产安全事故的调查处理,向有关部门提出处理意见。

(2)配合有关部门监督安全生产工作。

5.6.4.4　人事科

(1)按照规定参与生产安全事故的调查处理。

(2)按照《工伤保险条例》规定办理职工工伤保险事宜,及时申报工伤认定材料。

5.6.4.5　相关科室

(1)按照规定及时、准确地报告事故信息。

(2)保护生产安全事故现场。

(3)配合有关部门进行事故调查处理和善后工作。

5.6.5　管理活动的内容与方法

5.6.5.1　事故等级划分

根据生产安全事故(简称事故)造成的人员伤亡或者直接经济损失,事故一般分为以下等级:

(1)特别重大事故,是指造成30人以上死亡,或者100人以上重伤(包括急性工业中毒,下同),或者1亿元以上直接经济损失的事故;

(2)重大事故,是指造成10人以上30人以下死亡,或者50人以上100人以下重伤,或者5 000万元以上1亿元以下直接经济损失的事故;

(3)较大事故,是指造成3人以上10人以下死亡,或者10人以上50人以下重伤,或者1 000万元以上5 000万元以下直接经济损失的事故;

(4)一般事故,是指造成3人以下死亡,或者10人以下重伤,或者1 000万元以下直接经济损失的事故。

本条所称的“以上”包括本数,所称的“以下”不包括本数。

5.6.5.2　事故报告

1. 事故报告和调查处理原则

事故报告应当及时、准确、完整,任何单位和个人对事故不得迟报、漏报、谎报或者瞒报。

事故调查处理应当坚持实事求是、尊重科学的原则,及时、准确地查清事故经过、事故原因和事故损失,查明事故性质,认定事故责任,总结事故教训,提出整改措施,并对事故责任者依法追究责任。

2. 事故报告程序及现场保护

事故发生后,事故现场有关人员应立即报告所在科室负责人,其负责人接到事故报告后,应立即向分管局领导和局安全生产领导小组办公室主任报告,局安全生产领导小组办公室主任接到报告后应于1 h内向河南省水利厅和平顶山市人民政府报告。

情况紧急时,事故现场有关人员可以直接向河南省水利厅和平顶山市人民政府报告。

事故发生单位负责人接到事故报告后,应当立即启动事故相应应急预案,或者采取有效措施,组织抢救,防止事故扩大,减少人员伤亡和财产损失。

事故发生后,有关单位和人员应当妥善保护事故现场以及相关证据,任何单位和个人不得破坏事故现场、毁灭相关证据。

因抢救人员、防止事故扩大及疏通交通等原因,需要移动事故现场物件的,应当做出标志,绘制现场简图并做出书面记录,妥善保存现场重要痕迹、物证。

3. 事故报告的内容

(1)事故发生单位概况。

事故发生单位概况包括单位的全称、所处地理位置、所有制形式和隶属关系、生产经营范围和规模、持有各类证照的情况、单位负责人的基本情况及近期的生产经营状况等一般情况。

（2）事故发生的时间、地点及事故现场情况。

报告事故发生的时间应当具体，并尽量精确到分钟；报告事故发生的地点要准确，除事故发生的中心地点外，还应当报告事故所波及的区域；报告事故现场总体情况、现场的人员伤亡情况、设备设施的毁坏情况及事故发生前后的现场情况。

（3）事故发生的简要经过。

①事故简要经过是对事故的全过程简要叙述，描述要前后衔接、脉络清晰、因果相连。

②事故已经造成或者可能造成的伤亡人数（包括下落不明的人数）和初步估算的直接经济损失。

③对于人员伤亡情况的报告，应当遵守实事求是的原则，不作无根据的猜测，更不能隐瞒实际伤亡人数。

④对直接经济损失的初步估算，主要指事故所导致的建筑物的毁损、生产设备设施和仪器仪表的损坏等。

⑤由于人员伤亡情况和经济损失情况直接影响事故等级的划分，并因此决定事故的调查处理等后续重大问题，在报告此类情况时应当谨慎细致，力求准确。

（4）事故已经造成或者可能造成的伤亡人数（包括下落不明的人数）和初步估计的直接经济损失。

（5）已经采取的措施。

已经采取的措施是指事故现场有关人员、事故单位负责人、已经接到事故报告的安全生产管理部门为减少损失、防止事故扩大和标语事故调查所采取的应急救援和现场保护等具体措施。

（6）其他应当报告的情况。

对于其他应当报告的情况，应当根据实际情况具体确定。如较大以上事故,还应当报告事故所造成的社会影响、政府有关领导和部门现场指挥等有关情况,能够初步判定的事故原因等。

5.6.5.3　事故调查

等级以上事故的调查按照《生产安全事故报告和调查处理条例》的规定执行。等级以下事故由水库管理局领导、局安全生产领导小组办公室及相关科室人员组成调查组进行调查。

1. 事故调查原则及组成

事故调查原则及组成如下:

(1)事故调查组的组成应当遵循精简、效能的原则;

(2)事故调查组成员应当具有事故调查所需要的知识和专长,并与所调查的事故没有直接利害关系。

2. 事故调查组职责

事故调查组职责如下:

(1)查明事故发生的经过、原因、人员伤亡情况及直接经济损失;

(2)认定事故的性质和事故责任;

(3)提出对事故责任者的处理建议;

(4)总结事故教训,提出防范和整改措施;

(5)提交事故调查报告。

3. 事故调查报告

事故调查报告包括下列内容:

(1)事故发生单位概况;

(2)事故发生经过和事故救援情况;

(3)事故造成的人员伤亡和直接经济损失;

(4)事故发生的原因和事故性质;

(5)事故责任的认定及对事故责任者的处理建议;

(6)事故防范和整改措施。

事故调查报告应当附具有关证据材料。事故调查组成员应当在事故调查报告上签名。

5.6.5.4　事故处理

（1）重大事故、较大事故、一般事故的处理按照《生产安全事故报告和调查处理条例》的规定执行，非等级事故的处理按照水库管理局有关规定执行。

（2）事故的处理坚持“四不放过”的原则，事故发生单位应当认真吸取事故教训，落实防范和整改措施，防止事故再次发生。防范和整改措施的落实情况应当接受工会和职工的监督。

（3）对事故责任者的处理。根据事故调查确认的事实，通过对直接原因和间接原因的分析，确定事故的直接责任者和领导责任者。对事故责任者的处理，严格依据安全生产事故责任追究的法规或规章制度进行，公之于众，并将处理情况在伤亡事故报告书中作明确交待。

5.6.5.5　事故善后工作

生产安全事故造成人员伤残和死亡，工会、人事科、行政办公室应妥善处理伤亡人员的善后工作，并按照《工伤保险条例》，及时申报工伤认定材料，保存归档。伤亡人员的善后工作包括因工负伤或职业病患者的治疗、保险赔付及其家属的保险待遇兑现。

5.6.5.6　事故“零”统计制度

（1）各科室安全员具体负责本科室生产安全事故信息报送工作，及时向局安全生产领导小组办公室报告安全生产事故信息。

（2）各科室安全员每月1～2日应将本科室上月安全生产情况进行统计汇总，填写“生产安全事故统计月报表”和“安全生产综合报表”，报局安全生产领导小组办公室。

（3）每年元月2日前应当将本科室上年发生的各类生产安全事故统计汇总，填写“生产安全事故统计年报表”，报局安全生产领导小组办公室。

(4)当月、当年没有发生生产安全事故的科室,也应当按时填报上述 3 种报表。

(5)为保证报表上报的及时、准确,各科室安全员可将报表电子档发送至局安全生产领导小组办公室邮箱,纸质报表盖章后再传真上报。

5.6.5.7　事故档案、台账及统计分析

(1)白龟山水库管理局安全生产领导小组办公室负责建立健全事故档案和事故管理台账。责任科室在收到事故调查和处理结果之后 30 日内将事故资料整理存档备案,并交局安全生产领导小组办公室归档保存。各级主管生产的领导,对伤亡事故的调查、登记、统计和报告的正确性、时效性负责。

(2)事故档案包括:现场图、调查记录、分析与记录、报告书、处理决定、防范措施制订与落实。

(3)对发生的事故,白龟山水库管理局安全生产领导小组办公室进行事故统计分析。其内容主要包括事故发生科室的基本情况、事故发生的起数、死亡人数、重伤人数、急性工业中毒人数、单位经济类型、事故类别、事故原因、直接经济损失等。

5.6.6　检查与考核

表 5-9 给出了检查与考核内容的示例。

表 5-9　检查与考核内容

序号	考核内容	考核制度	被考核人/岗位	考核部门/单位
1	安全生产情况	每月 25 日前	各科室	局安全生产领导小组办公室
2	上年发生的各类生产安全事故统计汇总	每年元月 2 日前	各科室	局安全生产领导小组办公室

续表 5-9

序号	考核内容	考核制度	被考核人/岗位	考核部门/单位
3	事故“零”统计制度	每年元月2日前报上年情况、每月25日前报本月情况	各科室	局安全生产领导小组办公室

5.6.7 报告与记录

表5-10给出了执行本制度形成的报告与记录示例。

表5-10 报告与记录

序号	编号	名称	填写单位/岗位	保存地点	保存期限
1	JL-212.024-01	安全生产事故报告登记表	各科室	局安全生产领导小组办公室	永久
2	JL-212.024-02	安全生产事故统计月报表	各科室	局安全生产领导小组办公室	5年
3	JL-212.024-03	安全生产综合报表	各科室	局安全生产领导小组办公室	10年
4	JL-212.024-04	安全生产事故统计年报表	各科室	局安全生产领导小组办公室	永久

5.7 安全生产标准化绩效评定管理制度

5.7.1 范围

本制度规定了河南省白龟山水库管理局安全生产标准化绩效评定管理的职责、指标的制订与审批、指标的分解、评定的实施、评定结果的确认与通报、持续改进、检查与考核、报告与记录等要求。

本制度适用于河南省白龟山水库管理局安全生产标准化绩效评定管理。

5.7.2　规范性引用文件

下列文件对于本文件的应用是必不可少的。凡是注日期的引用文件，仅所注日期的版本适用于本文件。凡是不注日期的引用文件，其最新版本（包括所有的修改单）适用于本文件。

《建设工程安全生产管理条例》（国务院令第393号）

《水利工程管理单位安全生产标准化评审标准》

5.7.3　术语和定义

下列术语和定义适用于本文件。

5.7.3.1　安全绩效

企业根据安全生产目标，在安全生产工作方面取得的可测量结果，是衡量企业安全生产管理水平的一个综合指标。

5.7.3.2　持续改进

持续改进：增加满足要求的能力的循环活动。

5.7.4　职责

5.7.4.1　分管领导

（1）组织制订局安全生产标准化绩效评定指标。

（2）组织开展局安全生产标准化绩效评定工作。

5.7.4.2　局安全生产领导小组办公室

（1）起草制订局安全生产标准化绩效评定指标。

（2）收集局安全生产标准化绩效评定相关资料。

（3）组织实施局安全生产标准化绩效考核工作。

（4）持续改进安全绩效评定。

5.7.4.3　被评定科室、班组

（1）进行安全生产标准化绩效自评工作。

(2)配合相关部门做好安全生产标准化绩效考核、评定工作。

(3)进行持续改进工作。

5.7.5　管理活动的内容与方法

白龟山水库局安全生产领导小组办公室起草制订局安全生产标准化绩效评价指标,经分管领导审批,以正式文件下发全局。

5.7.5.1　安全生产绩效评定的组织实施

(1)局安全生产标准化绩效评定工作由局安全生产领导小组办公室具体组织实施。

(2)安全生产标准化绩效评定工作每年进行一次,时间安排在每年12月下旬。

(3)发生死亡事故后,事故发生单位必须立即进行安全生产绩效评定。

5.7.5.2　评定参加人员和评定方式

(1)成立局安全生产标准化绩效评定小组,分管领导任组长,局安全生产领导小组办公室主任任副组长,局安全生产领导小组办公室人员为成员,对各科室进行安全生产标准化绩效评定。

(2)局安全生产标准化绩效评定采取检查与评定相结合方式,在评定前对被评定科室进行检查。

5.7.5.3　安全生产标准化绩效评定的范围和内容

(1)安全生产标准化绩效评定的范围包括局属各科处室。

(2)安全生产标准化绩效评定的内容为《水利工程管理单位安全生产标准化评审标准》中一级项目、二级项目和三级项目所要求的相关内容。

5.7.5.4　安全生产标准化绩效评定程序

(1)由局安全生产标准化绩效评定小组办公室下发“开展关于安全生产标准化绩效评定工作的通知”。

(2)科室、班组根据评定标准进行自评。

(3)局安全生产标准化绩效评定小组进行评定,包括查看资料和现场调查。

(4)各股(班、组)作为生产部门,其安全绩效评定工作由所属科室按照《水利工程管理单位安全生产标准化评审标准》中三级项目要求的有关内容进行评定,并填写“安全绩效评定表”。

(5)各科室作为管理部门,其安全绩效评定工作由局安全生产标准化绩效评定小组办公室按照《水利工程管理单位安全生产标准化评审标准》中二级项目要求的有关内容进行评定,并填写“安全绩效评定表”。

(6)安全生产标准化绩效评定的同时,应对发现的问题由被评定单位提出纠正和预防措施。评定过程中,要对前一次评定后提出的纠正措施、建议的落实情况与效果做出评价。

(7)局安全生产标准化绩效评定小组负责评定、汇总、整理,并形成“安全绩效评定报告”,报分管领导审核。

5.7.5.5　评定结果的确认

(1)安全生产标准化绩效评定工作结束后,被评定单位应对评定结果进行确认,若有异议,可在评定工作完成后 2 个工作日内向安全生产标准化绩效评定小组上报“安全绩效考核申诉表”。

(2)安全生产标准化绩效评定小组在接到申诉后 5 个工作日内作出对申诉的处理意见,双方取得一致意见或继续申诉直到取得一致意见。

5.7.5.6　评定结果的分析与通报

(1)有关科室对评定结果确认后,局安全生产领导小组办公室对评定中发现的问题进行汇总分析,包括问题形成的原因、如何整改、应急措施等,形成分析报告,报分管领导审批,以正式文件下发各科室、班组进行通报。

(2)评定结果是局考评相关单位安全生产管理工作成效的重要

依据,也是局安全生产工作考核的重要依据,其结果纳入单位年度安全生产绩效考评。

5.7.5.7 持续改进

(1)被评定单位在评定结果通报后2个工作日内,针对本科室存在的问题,开展整改和预防措施的制订落实工作。具体实施可参照《安全检查及隐患排查治理管理制度》。

(2)局安全生产领导小组办公室综合评定结果,对局安全管理体系进行改进。必要时由局安全生产领导小组办公室调整局安全生产的目标和指标,由各归口部门修订安全规章制度、操作规程。

5.7.6 检查与考核

表5-11给出了检查与考核内容的示例。

表5-11　检查与考核内容

序号	考核内容	考核标准	被考核人/岗位	考核部门/单位
1	安全生产信息是否按时上报	第一时间上报	被评定部门	局安全生产领导小组办公室
2	隐患整改措施是否落实	按计划落实	被评定部门	局安全生产领导小组办公室

5.7.7 报告与记录

表5-12给出了执行本制度形成的报告与记录示例。

表5-12　报告与记录

序号	编号	名称	填写单位/岗位	保存地点	保存期限
1	JL-216.001-01	安全绩效评定表1	被评定部门	局安全生产领导小组办公室	永久
2	JL-216.001-02	安全绩效评定表2	被评定部门	局安全生产领导小组办公室	永久

表 5-12　报告与记录

序号	编号	名称	填写单位/岗位	保存地点	保存期限
3	JL-216.001-03	安全绩效评定报告 1	局安全生产领导小组办公室	局安全生产领导小组办公室	永久
4	JL-216.001-04	安全绩效评定报告 2	局安全生产领导小组办公室	局安全生产领导小组办公室	永久
5	JL-216.001-05	安全绩效考核申诉表	被评定部门	局安全生产领导小组办公室	永久

参考文献

[1] 苏嵌森,魏恒志. 白龟山水库防洪减灾理论与实践[M]. 郑州:黄河水利出版社,2015.
[2] 魏恒志,刘用强. 白龟山水库分布式洪水预报模型[M]. 北京:中国水利水电出版社,2019.
[3] 河南省水利勘测设计研究有限公司. 白龟山水库大坝安全评价报告[R]. 2021.
[4] 白龟山水库管理局. 白龟山水库大坝安全管理应急预案[R]. 2017.
[5] 水利部水利工程管理单位安全生产标准化评审标准[S]. 2018.